L'or vert

CNRS Éditions, Paris, 2020
ISBN : 978-2-271-12619-1

Agnès Guillot & Jean-Arcady Meyer

L'or vert

Quand les plantes inspirent l'innovation

CNRS ÉDITIONS

15, rue Malebranche – 75005 Paris

SOMMAIRE

À Raoul Heinrich Francé (1874-1943),
précurseur de l'écologie moderne
et inventeur de la bioinspiration végétale [77]

Générique

« Trois conditions sont nécessaires à l'inspiration :
"Un œil qui sache voir la nature,
Un cœur qui sache sentir la nature,
Une volonté qui ose suivre la nature" »

Iolo Morganwg
Cyfrinach Beirdd Ynys Prydain (1829)
(*Le mystère des bardes de l'île de Bretagne*)

De son fauteuil-mycelium, Gaïa alluma la lampe-cresson et but le fond de son verre cacté. Elle voulait terminer la lecture de son roman sur l'écran-fleur-squelette de son ordi-laitue. L'air était frais et pur, dans son immeuble bioalgué aux stores oiseau-de-paradis. Dehors, des robots-dionée piégeaient des insectes et des drones-samares tournoyaient dans l'atmosphère, veillant à protéger les arbres naturels contre les dangers du climat.

Un utopique futur végétal, le quotidien de Gaïa ? Tous les éléments de cette tranche de vie existent pourtant depuis plusieurs années, sous forme de projets, de prototypes ou de produits déjà commercialisés.

Les plantes n'ont ni cerveau, ni muscles et sont incapables de se déplacer. Toutefois elles survivent sur Terre depuis plus d'un milliard d'années grâce à de nombreuses propriétés leur conférant des capacités adaptatives remarquables. Notre regard sur elles a bien changé depuis que des chercheurs ont démontré qu'elles étaient sensibles, capables de mémorisation, de connaissance aigüe de leur environnement et de reconnaissance de leur parentèle [40, 60, 141, 142]. En Suisse, à l'unanimité, les membres de la Commission fédérale d'Éthique pour la biotechnologie dans le domaine non humain (CENH) ont même conféré « une dignité » à « la créature dans le règne végétal », dénonçant notamment « tout acte de nuisance arbitraire envers les plantes comme moralement répréhensible » [243].

Dès lors, faut-il ou non instaurer une véritable charte des Droits des Plantes, compte tenu des arguments précédents ? En marge de ce futur dilemme, cet ouvrage vise plutôt à révéler les nombreuses contributions de ces créatures à des progrès dans des domaines divers tels que l'industrie, la médecine, l'architecture, le design, la robotique et l'informatique. S'inspirer des plantes, c'est reconnaître la singularité de ces systèmes vivants qui ont trouvé des solutions originales pour survivre, alors qu'ils sont cloués à vie dans un endroit pas toujours favorable.

Nous évoquerons des réalisations inspirées du monde classique des végétaux mais aussi de celui d'« intrus » particuliers, ni purement végétaux, ni purement animaux – amibes, moisissures, levures ou champignons. Comme les végétaux, ils sont sédentaires et capables de reproduction non sexuée, mais ne peuvent se servir directement de l'énergie solaire pour élaborer les substances organiques nécessaires à leur énergie. Comme les animaux, ils doivent trouver ces substances chez d'autres êtres vivants, mais les absorbent d'une manière totalement différente.

Le premier chapitre expose quelques procédés bio-inspirés en allant *à la poursuite* de chaque *Diamant Vert* rencontré dans cet ouvrage – cellule, champignon, fleur, fruit, tronc et racine, avant que ne soient développées les parties suivantes, plus thématiques.

Dans le suivant, *Attache-moi !,* des plantes en effet très attachantes fournissent quelques solutions ingénieuses à cette injonction péremptoire.

Le Grand Bleu expose des applications inspirées des relations, attractives ou répulsives, que les plantes entretiennent avec l'eau, douce ou salée.

Source d'énergie universelle, le *Soleil (vert)* a rendez-vous avec les végétaux pour nous aider à négliger les énergies fossiles.

Autant en emporte le vent rassemble les innovations végétales dédiées aux objets volants identifiés et aux purificateurs d'air.

Consacré à *Hippocrate*, père fondateur, ce chapitre expose les procédés verts émargeant au domaine de la médecine.

Les Lumières de la Ville braque un projecteur sur les architectures, anciennes ou contemporaines, dont les formes, les structures ou les procédés empruntent à certaines plantes.

Au chevet d'une nouvelle *Fashion Victime* végétale, nous examinerons son dressing et ses objets design.

Enfin, les récents développements de technologies novatrices, inspirés par des organismes évoluant depuis des millions d'années, augurent bien d'un *Retour vers le Futur* !

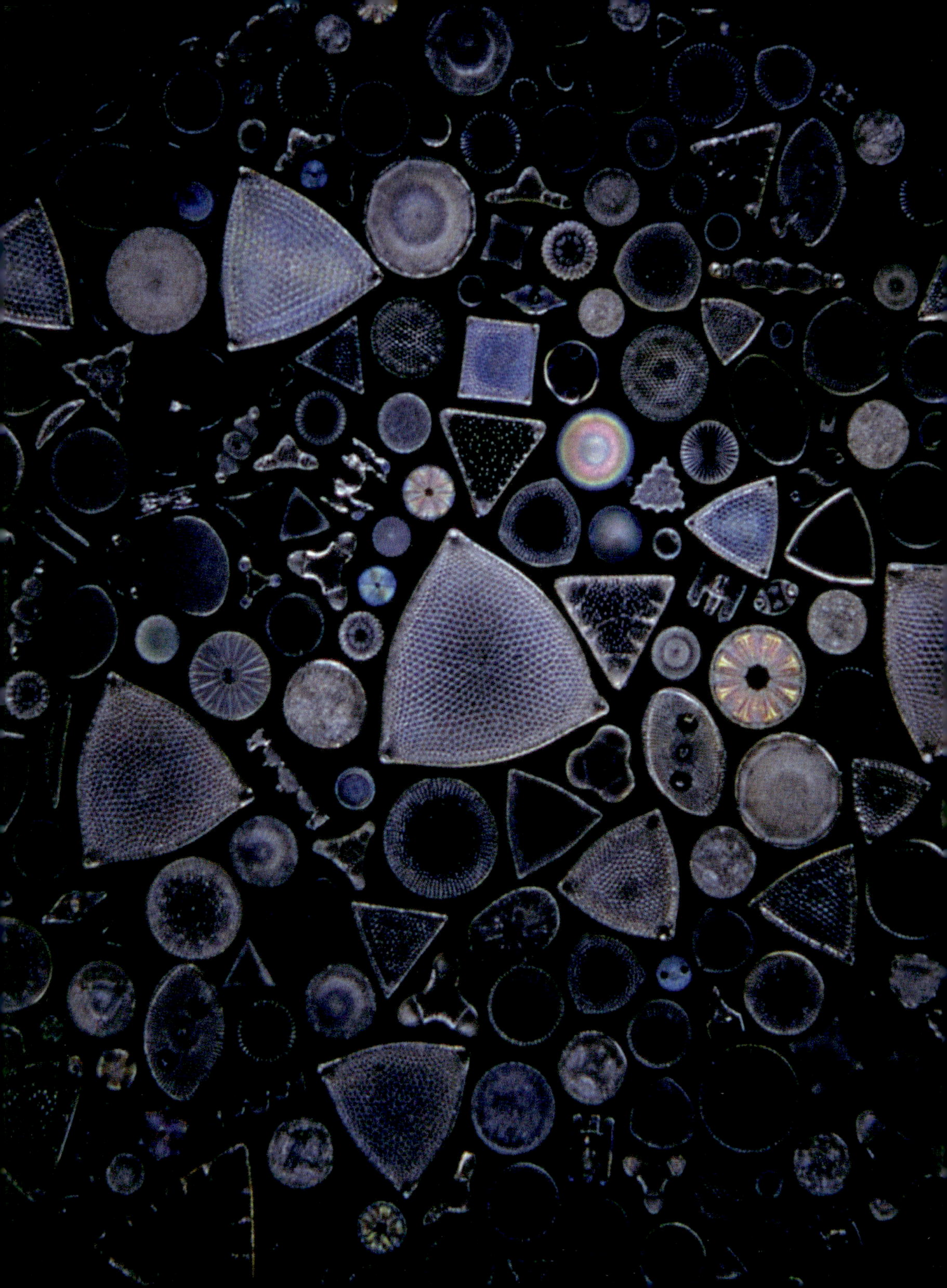

1
À la poursuite du diamant vert

Des histoires singulières, des procédés intrigants ou des besoins stratégiques seront associés, tout au long de cet ouvrage, aux innovations réalisées par des ingénieurs, chercheurs, architectes et designers. Le survol suivant est un aperçu de ce que ces scientifiques ou artistes ont puisé dans tous les composants du règne végétal ou fongique.

1 Une cellule

Elles ont dû être animales avant d'être végétales, vivent dans l'eau salée ou l'eau douce, fixent un quart du dioxyde de carbone et génèrent un cinquième de l'oxygène de notre atmosphère. Ce sont les diatomées, micro-algues brunes unicellulaires de 1 à 500 microns découvertes en 1702 par le naturaliste hollandais Antony van Leeuwenhoek grâce à l'un des innombrables microscopes de son invention. Confondues avec des cristaux, elles ne furent formellement identifiées que 80 ans plus tard.

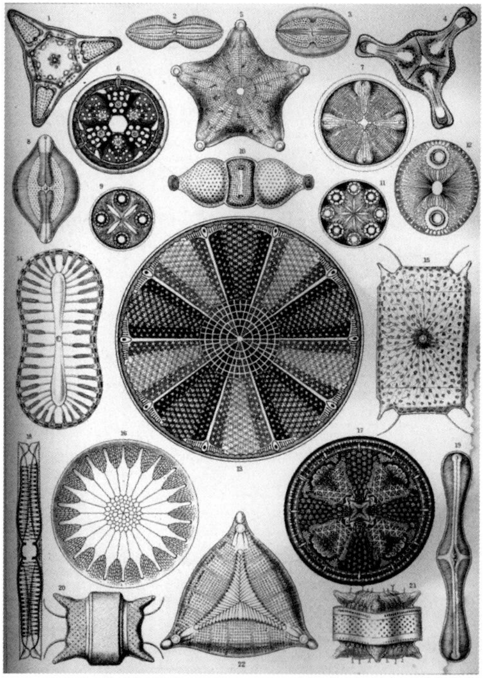

1.1 L'extraordinaire variété des diatomées. Illustration d'Ernst Haeckel en 1904.

Pour se défendre de leurs prédateurs, petits coquillages, crustacés et poissons végétariens, les diatomées se sont munies de moyens de défense perfectionnés, qu'ils soient chimiques – des composés plus ou moins toxiques – ou mécaniques – leurs remarquables enveloppes en verre. Ce sont ces carapaces, nommées *frustules*, si superbement illustrées en 1904 par Ernst Haeckel dans son ouvrage *Formes artistiques de*

1.2 Le toit auto-nettoyant du Grand Théâtre national de Pékin a été traité par le procédé « sol-gel » de la chimie douce, inspirée par les diatomées. © Creative Commons Attribution 3.0.

la Nature, qui ont attiré l'attention des scientifiques depuis leur découverte (Figure 1.1) [94].

Les diatomées *centriques*, disques ou tubes, ont une symétrie radiale. Les *pennées*, plus ou moins allongées, ont une symétrie bilatérale. De nombreuses fioritures peuvent orner ces formes de base. Leur étymologie grecque *diatomos* (coupé en deux) fait référence à leur aptitude à se diviser pour donner deux frustules semblables.

Lorsque les cellules meurent, leurs carapaces s'accumulent parfois dans de larges gisements de roches et forment la *diatomite*. Ce minéral léger servit à bâtir, en 535, le dôme de trente mètres de diamètre de la cathédrale Sainte-Sophie à Constantinople. Plus prosaïquement, il est utilisé de nos jours pour stabiliser des explosifs, filtrer le vin, rendre le dentifrice abrasif ou filtrer l'humidité de la litière du chat.

C'est en utilisant quelques milligrammes par litre de silice pure dissoute dans l'eau que les diatomées fabriquent leurs coques de verre. Et cela, à température ambiante, alors que les humains ne savent produire ce verre qu'à plus de 1 500 °C !

Un brevet industriel datant de 1939 – mais totalement ignoré pendant quelques décennies – exploitait déjà le secret de ce qui allait devenir, dans les années 1970, la « chimie douce ». Ce terme a été proposé par Jacques Livage, du Collège de France, un pionnier du développement des procédés dits « sol-gel » (solution-gélification) [120, 131]. Ceux-ci sont largement inspirés de l'algue unicellulaire. Ils reposent sur la dissolution de silice et d'autres composés dans l'eau (*sol*), puis leur transformation en réseaux plus importants en présence d'enzymes contenues dans la matière vivante (*gel*) et ce, à basse température (de 20 °C à 200 °C) et à coût très réduit. Après séchage, le produit de cette opération ne donne pas un verre massif, mais une poudre qui convient parfaitement au dépôt de couches minces. C'est en outre une considérable économie d'énergie réalisée dans la fabrication de ce produit !

Les applications de ces procédés sont très variées et concernent notamment des revêtements antireflets et anti-rayures (vitres, rétroviseurs, pare-brise, lunettes), des films autonettoyants (sur le toit du Grand Théâtre national de Pékin, voir Figure 1.2, ou sur la semelle d'un fer à repasser), mais aussi le stockage d'énergie par les cellules photovoltaïques, les batteries photo-rechargeables ou l'encapsulation de bactéries et de virus pour un usage médical.

2 Un champignon

Le champignon mérule *Serpula lacrymans* aurait pu faire de la bataille de Trafalgar une victoire franco-espagnole ! En effet, quelques années plus tard, *Victory*, le navire de l'amiral Nelson, tout comme le *Formidable* et le reste de sa flotte, ont été réduits en poussière, rongés par ce champignon bien plus efficacement que par une armée de termites.

Souvent considérés comme parasites – parfois donc à juste titre – les champignons jouent pourtant un rôle essentiel dans les écosystèmes. Ils y pratiquent plusieurs métiers : éboueurs, car ils décomposent et recyclent les déchets de la faune et de la flore ; dépollueurs, car ils absorbent des produits nocifs ; négociants, car ils échangent avec les végétaux de l'eau, du phosphore et des sels minéraux contre des sucres qu'ils sont incapables de produire [196].

L'entreprise new-yorkaise Ecovative LLC a eu pour objectif de trouver des substituts au plastique, cet épouvantable parasite planétaire, qui ne peut être dégradé en moins de 400 ans [65]. Les ingénieurs ont élaboré un nouveau matériau entièrement biodégradable en observant la façon dont certains champignons, poussant sur des copeaux de bois, parviennent à les faire adhérer fortement entre eux (Figure 1.3). Ils puisent leur matériau de

1.3 Des champignons, associés à des déchets végétaux, élaborent le produit Myco Foam, qui se transforme en compost une fois utilisé. © ecovativedesign.com/.

base dans les divers déchets végétaux issus de l'agriculture locale, auxquels ils ajoutent quelques brins de champignon polypore. Ce mélange est mis en chambre obscure dans des moules adéquats pendant une petite semaine, afin que le polypore étende ses filaments et enserre les déchets. Un passage au chaud met fin à sa croissance. L'élaboration du produit, nommé Myco Foam, est alors terminée.

Ce procédé présente de nombreux avantages. Les déchets agricoles, comme des enveloppes de coton, de maïs ou de riz, peuvent être récoltés au plus près du lieu de fabrication, dans tous les pays du monde. Le produit fini, qui imite exactement les propriétés de composés plastiques, ne nécessite que très peu d'énergie pour se constituer. De plus, cerise sur le gâteau, il se transforme en compost en fin de vie.

De nombreuses applications ont déjà vu le jour : conditionnements pour appareils fragiles, renforts protégeant les pilotes dans leurs voitures de course, planches de surf ou même bouées anti-tsunamis, car Myco Foam ne pollue pas les océans.

Avec la même recette, à base de pleurotes cette fois, l'entreprise a aussi inventé Greensulate, un isolant thermique qui concurrence les fibres de verre à la nocivité avérée. Elle pourrait même se lancer dans la fabrication de murs d'habitation. Depuis sa création, elle a ouvert de nouvelles unités aux États-Unis et en Europe.

3 Une fleur

Poussant sur les flancs froids des montagnes de la Chine et du Japon, *Diphylleia grayi* expose ses pétales d'un blanc laiteux. Mais lorsque des gouttes de pluie l'atteignent, ils deviennent totalement

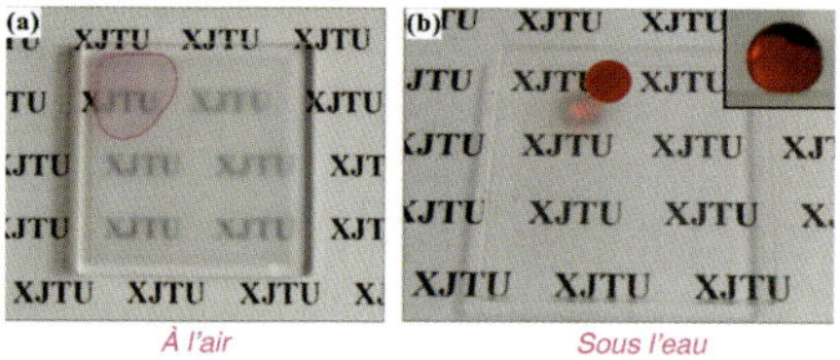

1.4 Haut : Les fleurs de *Diphylleia* sont blanches par temps sec (gauche) mais transparentes par temps humide (droite), quand l'eau chasse l'air dans leurs cellules. Bas : Inspiré de la fleur, un verre bombardé au laser devient opaque à l'air (a) mais transparent sous l'eau (b). © Clearance Center.

transparents et ne révèlent que leurs frêles nervures, comme les rayons X révèlent les os d'une main. C'est pourquoi *Diphylleia* est aussi nommée la « fleur squelette » (Figure 1.4 haut).

Le secret de cette métamorphose se niche dans les espaces existants entre les cellules constituant les pétales, remplis d'un liquide nutritif. Lorsque le temps est sec, de l'air y pénètre et recouvre ce liquide. À travers cette couche air/liquide, la lumière réfléchit la blancheur des pétales. Lorsque le temps est humide, les gouttes d'eau chassent cet air. À travers la couche eau/liquide, l'indice de réfraction de la lumière se modifie et rend les pétales transparents.

Une équipe de l'université Xi'an Jiaotong en Chine ambitionne de reproduire cette curieuse propriété, notamment pour rendre des lunettes de plongée totalement transparentes et propres sous l'eau [249].

Avec un laser «femtoseconde» aux impulsions ultra-courtes (de 0,00000000000005 seconde), ils ont bombardé du verre et l'ont rendu poreux à une échelle nanométrique, reproduisant ainsi les espaces extracellulaires où peuvent être piégées, en cas d'humidité, les molécules d'eau. Sous l'eau, ce verre acquiert une transparence à 90 % d'efficacité tandis qu'il devient opaque en séchant (Figure 1.4 bas).

Les chercheurs ont remarqué également que, lorsque le verre ainsi bombardé est exposé à l'air, des gouttelettes d'huile ou de pétrole peuvent s'accrocher sur sa surface, alors que, sous l'eau, les gouttelettes d'oléagineux ne peuvent y être retenues. Une application de plus en matière d'optique sous-marine, mais peut-être aussi en matière d'optique médicale.

Ce procédé n'a donc qu'un lointain rapport avec les verres à saké bien connus qui ne révèlent des figures, parfois très… surprenantes, que lorsqu'ils sont remplis d'alcool de riz ! Il s'agit dans ce cas, non de micro-perforations du fond du verre, mais d'une lentille convexe qui modifie la direction des rayons lumineux lorsqu'elle est plongée dans n'importe quel liquide.

1.5 Le bleu intense des fruits de *Margaritaria nobilis* attire les oiseaux mais cette couleur est trompeuse, car elle dépend seulement de la réfraction de la lumière. © Eliana Cazetta.

4 Un fruit

Le fruit de la plante africaine *Margaritaria nobilis* est un tricheur. Il imite l'aspect de fruits beaucoup plus énergétiques afin que les oiseaux le dévorent et dispersent ses graines. Revêtant une cosse d'un vert terne lorsqu'il grossit sur l'arbre, il s'en défait quand il tombe au sol pour révéler ses graines d'un bleu-vert intense et métallique (Figure 1.5). Elles sont tellement attractives que certains oiseaux les utilisent pour garnir leur nid et séduire les femelles. Cependant, dès que l'oiseau pique le fruit, la membrane qui le recouvre devient translucide.

C'est donc une « fausse » couleur, créée par la réfraction de la lumière, tout comme celle des ailes du papillon Morpho [90, 91].

Des chercheurs britanniques et américains ont compris comment cette membrane pouvait ainsi changer de couleur, en découvrant la façon dont se sont superposées ses multiples couches de cellulose, en une superbe construction hélicoïdale [118].

Reproduite artificiellement par un laboratoire britannique, cette membrane a donné naissance à des fibres dites photoniques, flexibles et changeant de couleur selon leur étirement (Figure 1.6). Ce ne sont d'ailleurs pas leurs seules qualités, car elles sont également peu coûteuses, recyclables et même… comestibles, puisque constituées de cellulose !

Ces fibres très attractives vont bientôt entrer dans la fabrication de tissus ou d'emballages alimentaires « intelligents », changeant de couleur selon la chaleur, la pression exercée sur le contenant ou la date de péremption.

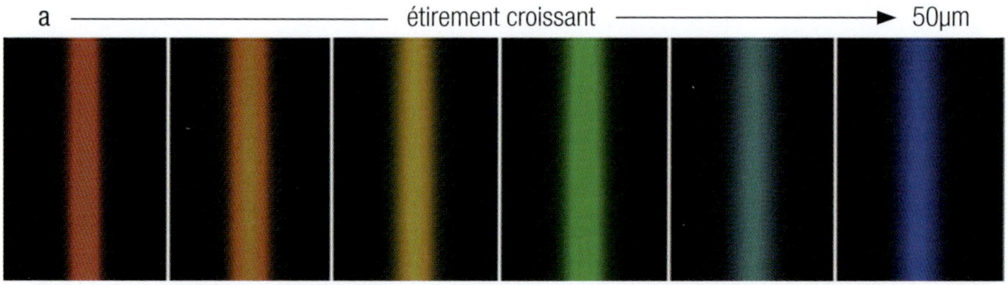

1.6 La fibre photonique inspirée du fruit de *Margaritaria nobilis* change de couleur selon son étirement et sera utilisée pour des emballages alimentaires « intelligents ». © Mathias Kolle, Department of Mechanical Engineering, Massachusetts Institute of Technology.

5 Un tronc

Le bois, tissu végétal des troncs et des branches, a de multiples fonctions, dont le soutien mécanique des arbustes ou des arbres et la conduction de la sève. Ce matériau, composé notamment de lignine et de cellulose, est connu comme étant le plus résistant à la rupture, relativement à sa faible densité. Il contient en effet entre 60 % et 90 % d'air !

Contrairement à une idée reçue, le bois résiste bien aux incendies et au pourrissement. En 350 millions d'années d'existence, ce matériau a eu en effet le temps d'acquérir ces propriétés remarquables afin de s'adapter aux vicissitudes du milieu [33].

Malgré sa jeune existence, la *start-up* française Woodoo a eu l'audace de vouloir améliorer ce produit parfait [247]. Le bois est ainsi reconstruit à l'échelle moléculaire en retirant sa lignine et en infiltrant à la place une résine naturelle qui se solidifie sans utiliser des produits nocifs pour l'envi-

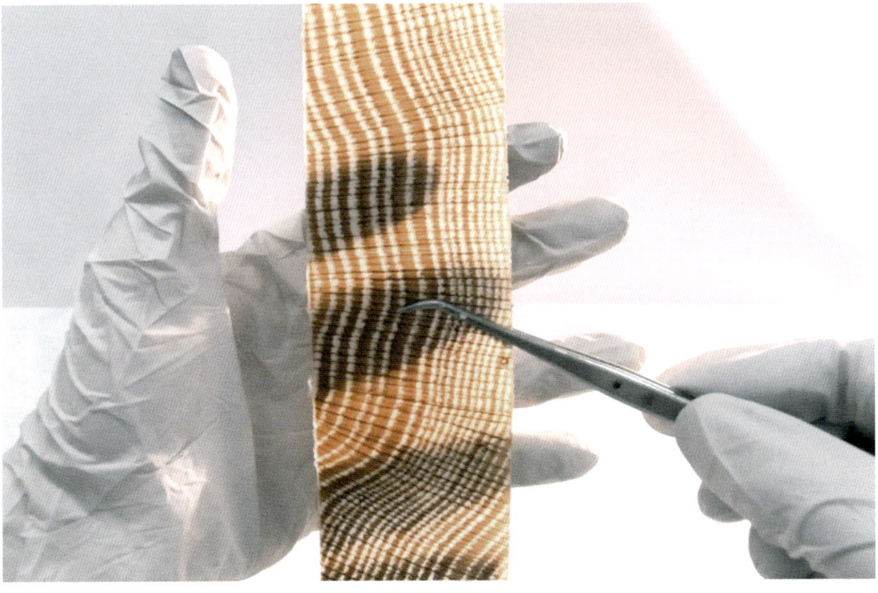

1.7 Le bois Woodoo devient translucide en infiltrant une résine naturelle à la place de la lignine. Il devient encore plus résistant au feu et son empreinte carbone est moindre. © Woodoo SAS-Paul&Henriette 2018.

ronnement. La lignine n'est pas perdue pour autant, mais récupérée pour être transformée en biocarburant.

Le matériau ainsi produit, qui a déjà reçu de nombreux prix, est plus résistant au feu et moins putrescible que son modèle naturel. Il est entièrement recyclable et son empreinte carbone est 2 fois moins élevée que celle du béton, 17 fois moins que celle du verre et 130 fois moins que celle de l'acier.

Et surtout, propriété surprenante : la cellulose restante étant un matériau cristallin, les lames de quelques millimètres laissent passer la lumière (Figure 1.7) !

Outre plusieurs applications ciblant les secteurs du conditionnement, de l'automobile ou des produits de luxe, la construction d'habitations de très grande hauteur – jusqu'à 30 étages – est sérieusement envisagée.

6 Une racine

Entre les deux guerres mondiales, les Soviétiques cherchèrent fébrilement comment récupérer du latex, précieuse matière première pour une industrie de guerre, car les hévéas étaient incapables de pousser sous leur climat. En 1928 ils missionnèrent l'éminent agronome Nikolaï Vavilov pour chercher dans le monde entier des plantes substitutives capables de s'acclimater chez eux [44].

C'est dans les steppes du Turkestan, vers la frontière chinoise, que Vavilov trouva la perle rare, la racine du pissenlit gommeux *Taraxacum Kok-Saghyz* et l'exploita à grande échelle (Figure 1.8). Dès 1941, des plants s'étendaient sur près de 70 000 hectares de terre russe, produisant environ 200 kg à l'hectare.

Pendant la Seconde Guerre mondiale, privés du latex de l'hévéa par le blocus des Alliés, les nazis avaient échoué à fabriquer du caoutchouc synthétique. Aussi, lorsqu'ils découvrirent les plantations des Russes, ils créèrent en 1943 une station expérimentale sur le terrible site Auschwitz-Raïsko, où agronomes et chimistes déportés ont été chargés d'extraire et de transformer le latex du pissenlit qui poussait désormais dans les plaines du Reich.

Une production à grande échelle se révéla rapidement décevante car, coagulant trop rapidement, ce latex se transformait en petites billes inutilisables. La chute du Reich mit un terme à ces expérimentations.

Soixante-dix ans plus tard, l'Allemagne pacifiée a repris ce chantier. En 2014, les chercheurs de l'université de Münster ont gagné le GreenTec Award pour avoir créé un *Kok-Saghyz* transgénique ne possédant plus l'enzyme responsable de la coagulation trop rapide. En vue d'une plantation à grande échelle, ils étudient le moyen de sélectionner naturellement – par croisements classiques – des plantes ayant cette même caractéristique, espérant rapidement produire un dixième du caoutchouc du pays [218].

Avec ce nouveau latex plus liquide, deux fabricants de pneus ont déjà élaboré des prototypes. Étant en outre moins allergénique que celui de l'hévéa, ce produit pourrait intéresser les fabricants de cathéters et de préservatifs. Notons que de telles expérimentations sont également en cours en France et au Canada.

De quoi regarder d'un autre œil cette herbe dite mauvaise que l'on arrache de tout gazon et que l'on prétend pourtant être née de la poussière soulevée par le char de Phaéton, fils d'Hélios le Soleil…

Étant à ce point tributaires de la terre, de l'eau, du soleil et de l'air, les végétaux ont été forcés de développer des produits et des procédés leur permettant exploiter ces ressources au mieux.

Les applications qui suivent – en matière d'accrochage, de gestion de l'eau, d'exploitation du soleil et du vent – sont inspirées de ces produits et procédés.

1.8 Le pissenlit du Kurdistan *Kok-Saghyz* est très recherché pour sa racine produisant du latex. © Healthveins Organic.

2 Attache-moi !

Accrochant tout ce qui passe à leur portée, les épines et crochets dont certaines plantes sont pourvues ont pour fonction la défense contre les prédateurs, le transport de graines ou la protection contre la chaleur. S'accrochant à tout tuteur qui se trouve dans les parages, les plantes grimpantes utilisent un procédé simple et économique pour atteindre la lumière.

Les humains ont astucieusement détourné ces fonctions à des fins particulièrement diverses.

1 Accrocher, pour le pire…

Au XIXe siècle, dans l'Ouest des États-Unis, les Sioux Wazházhe – vocable déformé par des missionnaires français en « Osage » – confectionnaient des arcs avec les branches d'un arbre épineux du Texas, l'oranger des Osages (*Maclura pomifera*), et utilisaient le latex de ses fruits non comestibles pour se peindre le visage (Figure 2.1).

Pour garder leurs animaux, les premiers colons américains eurent l'idée d'entourer leurs terrains de branches de cet oranger car ses haies épineuses étaient, disaient-ils, « hautes pour les chevaux, résistantes pour les bœufs, drues pour les cochons ». Cependant, sa croissance était très lente, et quelques fermiers remplacèrent ces barrières naturelles par des fils métalliques entourés de barbes de fer imitant les branches piquantes de la plante.

Dénommés « cordes du diable », ces fils ont été perfectionnés par un fermier, Joseph Farewell Glidden qui, en 1874, déposa le brevet du fil barbelé (de *bramble* : ronce), mis en production par un commerçant de sa ville.

Un des vendeurs le promouvait en ces termes : « C'est la meilleure clôture du monde, aussi légère que l'air, plus forte que le whisky, moins chère que la poussière. Tout en acier et longue de plusieurs kilomètres, le bestiau n'est pas né qui pourra passer au travers. Messieurs, relevez le défi et amenez vos bœufs ! »

Cette invention, au demeurant très commode, eut néanmoins des conséquences dramatiques. Nombreux sont les cow-boys qui furent mis au chômage technique. Les haies, devenues amovibles et extensibles, suscitèrent une lutte âpre entre fermiers pour gagner quelques bouts de terrain. Elles

2.1 Les branches épineuses de l'oranger des Osages (*Maclura pomifera*) ont été utilisées comme clôtures pour les animaux par les premiers colons américains.

leur permirent d'étendre leurs possessions, repoussant au passage les tribus indiennes et leur nourriture principale – les bisons – dans des lieux de plus en plus exigus.

La guerre de Sécession en fit une arme servant à piéger des assaillants ou à parquer des prisonniers, arme qualifiée, par euphémisme, d'« outil de gestion politique de l'espace » [185]...

2 ... et le meilleur

Le Velcro – contraction des mots velours et crochet – est sans doute le produit bioinspiré le plus célèbre.

On doit cette innovation à l'ingénieur suisse Georges de Mestral qui, rentrant d'une promenade dans les Alpes, constata que des fleurs de bardane (*Arctium lappa*) restaient accrochées au pelage de son chien Milka, comme à ses propres chaussettes, et qu'il était fort difficile de s'en débarrasser. Ce système est l'un des multiples moyens que les plantes ont développé au cours de l'évolution pour disséminer leurs graines en exploitant la mobilité d'autres créatures vivantes.

L'ingénieur observa au microscope la façon dont cette plante s'agrippait à ces divers supports et eut l'idée de fabriquer en nylon des petits crochets semblables à ceux dont cette fleur est pourvue. Ils sont orientés dans toutes les directions, ce qui maximise l'accrochage à un support quelconque, et flexibles, ce qui facilite, dans une certaine mesure, le décrochage.

Malgré une faillite, l'abandon de son mécène et les moqueries d'experts du textile, l'ingénieur persévéra et perfectionna la façon de confectionner son produit. L'ayant breveté en 1955, il en vendit environ 60 millions de mètres 4 ans plus tard.

Depuis, cette marque s'est répandue dans le monde entier et il s'en vend plusieurs millions de kilomètres par an [236]. Le Velcro attache vêtements ou chaussures, il est utilisé dans l'aviation, l'automobile, le sport, les hôpitaux mais aussi dans l'espace, car ce mode d'attache est particulièrement pratique en apesanteur [219]. Il trouve aussi une application ludique avec les murs sur lesquels enfants ou adultes peuvent s'accrocher en défiant les lois de la pesanteur.

Cependant, selon les botanistes puristes, il serait fallacieux de désigner la bardane comme modèle fidèle de ce produit. Les crochets souples du Velcro

2.2 Les crochets d'une bardane (en haut) sont trop rigides pour correspondre à la souplesse de ceux du Velcro. Ceux d'une circé (en bas) seraient plus adaptés. © Zoom-Nature.fr.

ne ressemblent en rien à ceux de la fleur, tellement rigides qu'ils ne servent qu'une seule fois à transporter les graines avant de se briser. En revanche, ceux de la plante herbacée circé de Paris (*Circea lutetiana*) – du nom de la magicienne attirant les compagnons d'Ulysse – sont des petits poils crochus très souples qui s'apparentent beaucoup plus à ceux du tissu suisse agrippant (Figure 2.2).

3 Vrilles perverses

En 1858, avant la parution de *L'Origine des Espèces*, Charles Darwin reçoit un article d'un ami botaniste de Harvard décrivant le mouvement des vrilles qui émanent des tiges du concombre.

Intrigué, il se met à scruter la façon dont les clématites, la vigne vierge de la maison familiale, ainsi que les houblons avoisinants, grimpent le long de murs ou des supports. Ce qu'il observe le fascine. Pour s'élever vers la lumière, ces plantes possèdent des stratégies bien plus efficaces pour hisser leurs tiges que celles des arbres pour ériger leur tronc. En bricolant avec des vrilles ou des crampons, elles arrivent au même résultat, mais plus rapidement et plus économiquement.

Darwin fut particulièrement intéressé par les curieuses torsions de la vrille du concombre : « Invariablement elle se tord en un sens dans une de ses parties et en un sens opposé dans l'autre [...]. Cette structure curieuse et asymétrique a été remarquée par plusieurs botanistes, mais elle n'a pas été suffisamment expliquée » [55].

La spirale commence en effet à pousser en s'enroulant dans le sens des aiguilles d'une montre. Puis, tel un fouet, par rotations, son extrémité « cherche » un support (mouvement nommé *circumnutation*). Lorsque le contact s'établit – la plante réagit à un toucher de seulement 0,25 gramme –, elle se fixe au tuteur par sa face ventrale. C'est alors, qu'à partir de ce support, elle forme « à reculons » une hélice de sens contraire [83].

L'endroit « neutre » et plat, à peu près au milieu de la vrille, où l'hélice change d'enroulement, fut nommé *perversion* par le mathématicien[1] allemand Johann Benedict Listing, en référence au terme donné à certaines

1. Ce phénomène était étudié, en effet, dans le cadre de la branche des mathématiques concernée par les changements de formes : la *topologie*.

coquilles d'escargots enroulées en sens inverse de la normale (Figure d'ouverture du chapitre). Grâce à ce mécanisme de double ressort, les tiges des concombres restent stables, résistent aux poids lourds qu'elles supportent et à des vents conséquents.

Un groupe de chercheurs de l'université de Harvard explique ce mécanisme par le fait que la vrille a une face externe rigide et une face interne molle et charnue [32]. En séchant, cette dernière se raidit et provoque la torsion hélicoïdale. Comme les deux bouts de la vrille ont la même orientation – car ni la plante ni le support ne peuvent tourner – cette torsion ne peut se faire qu'en sens contraire de part et d'autre. C'est ce qui se produit avec un câble d'un vieux téléphone : après des étirements forcés, il se reforme spontanément en succession d'hélices opposées [50].

Les scientifiques ont imité les structures recto-verso de la vrille en élaborant, après de nombreuses tentatives, un ruban constitué d'une face de tissu rigide et d'une face de fil de cuivre, créant ainsi le premier ressort artificiel « à perversion ». « Ce fut une délicieuse surprise ! En fait, nous avons passé tout un après-midi devant un microscope, tirant encore et encore sur le ruban, doutant que cela puisse être vraiment plus compliqué, c'était excitant et complètement déconcertant ! », s'enthousiasmèrent les chercheurs[1].

Depuis, ils ont déposé le brevet de ce ressort « pervers » en vue d'applications pour des nano-rotors d'appareils électriques ou pour la stabilisation de bâtiments soumis à des tremblements de terre.

4 Pieux contre punaises de lit

Après la Seconde Guerre mondiale, parce que l'application massive de DDT et autres pesticides puissants était efficace, l'excellent rapport intitulé « L'action des feuilles de haricots contre la punaise », paru en 1943, a été complètement ignoré. Il faisait mention notamment du stratagème utilisé dans les Balkans pour piéger des punaises de lit, consistant à éparpiller tout autour d'un lit des feuilles de haricot sur lesquelles les pattes des punaises s'enfourchaient (Figure 2.3). Il suffisait ensuite de brûler

1. *The Guardian*, 30 août 2012.

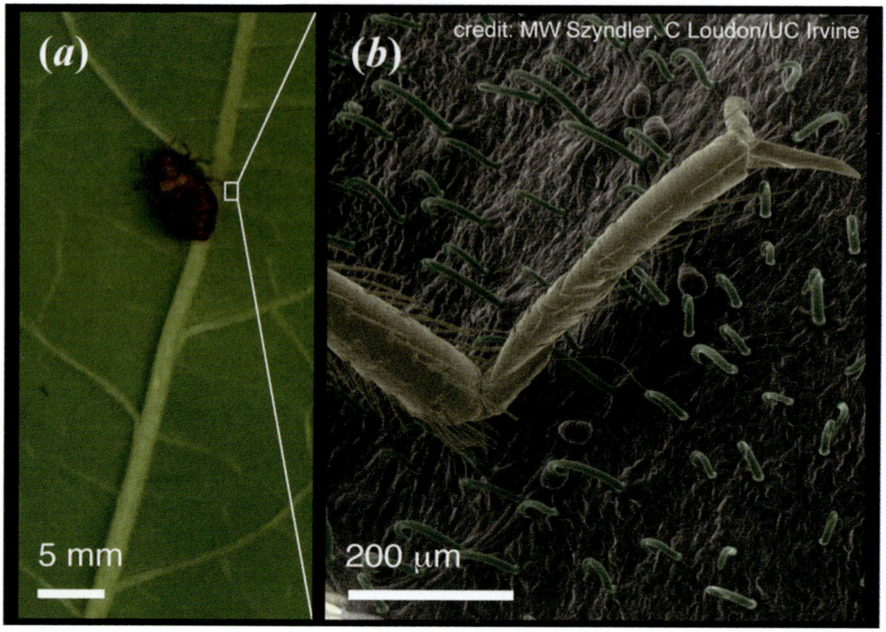

2.3 Une punaise (a) est piégée par ses pattes, embrochées par les trichomes pointus de la feuille de haricot (b). Il suffit de brûler cette feuille pour se débarrasser du parasite. © Megan N. Szyndler et Catherine Loudon, University of California at Irvine.

ces feuilles pour se débarrasser des suceuses de sang de façon efficace et très naturelle [181].

La récente résurgence des infestations de punaises de lit dans les habitations et les hôtels du monde entier, ainsi que leur résistance grandissante aux pesticides, ont incité des chercheurs californiens à exhumer et exploiter ce rapport [223].

Leurs recherches concernent ainsi des feuilles de haricot *Phaseolus vulgaris* hydratées et des punaises *Cimex lectularius* mâles, jeûnant depuis trois semaines. Au microscope électronique, la surface des feuilles révèle un tapis de poils acérés et crochus, les trichomes, dont le nombre est proportionnel aux agressions que subit la plante. Lorsqu'une naïve punaise s'aventure sur cette surface, l'une de ses pattes s'embroche immédiatement sur quelques trichomes. Ses efforts pour s'en débarrasser ne font qu'aggraver sa situation et l'insecte est rapidement immobilisé.

Malheureusement, les trichomes doivent être constamment hydratés pour conserver leur pouvoir piégeant, ce qui limite l'utilisation du haricot comme insecticide naturel. C'est pourquoi les chercheurs ont envisagé de reproduire artificiellement cette surface rugueuse. Une structure synthétique en polymères a été formée par deux moulages, l'un de la surface externe d'une feuille de haricot, l'autre de sa surface interne. La réplique semble satisfaisante, dotée de pointes crochues de 100 nanomètres, semblables en densité, orientation et hauteur aux trichomes naturels.

Cependant cette surface artificielle n'a pas encore donné les résultats escomptés, les punaises n'étant pas toujours transpercées et pouvant plus facilement se détacher des aspérités crochues. Une amélioration est envisagée pour que les trichomes synthétiques soient plus rigides et leur extrémité plus acérée. Cette solution aurait le mérite d'éviter les produits chimiques agressifs traitant les parasites dans les habitations.

À ce jour, la feuille de haricot est donc toujours la plus performante pour la chasse aux punaises. Certains utilisent à cet usage la poudre abrasive issue des squelettes des diatomées. Malheureusement, elle s'avère dangereuse à inhaler par l'homme et les animaux de compagnie.

3
Le grand bleu

Histoires d'amour entre les plantes et l'eau ? Oui bien sûr, cet élément étant absolument indispensable à toute vie sur Terre. Elles l'absorbent goulument, elles en restituent un gros volume, elles s'en protègent parfois drastiquement ou luttent contre certains ingrédients qui y sont associés, comme un trop plein de sel, par exemple.

1 Se protéger de l'eau… un peu

Suite aux effets d'une chaleur intense, tout manuel de bienséance impose d'utiliser ces termes choisis: «les bêtes suent, les messieurs transpirent et les dames ont chaud». La physiologie est plus prosaïque. Elle constate que les bêtes, les hommes, les dames et même les plantes sont tous sujets à la sudation.

On ne soupçonne d'ailleurs pas que les plantes transpirent autant, sinon plus, que les plus acharnés des sportifs.

Un concentré de stomates

En transpirant continuellement, les plantes aident à la montée de leur sève et réalisent leur régulation hydrique. Sur les façades, les balcons, les terrasses et dans les jardins, leur transpiration rafraîchit l'air et contribue de façon totalement naturelle à la climatisation des habitations.

Sous un climat tempéré, on estime qu'un hectare de hêtres transpire 24 tonnes de vapeur d'eau par jour. La transpiration de tous les végétaux représente 64 % de l'eau qui retourne dans l'atmosphère de notre planète.

La vapeur d'eau s'échappe par de très nombreux pores, les stomates (Figure 3.1). Ils sont au nombre de 50 à 500 par mm^2, disposés sur la face interne des plantes aériennes à feuilles horizontales, sur les deux faces des plantes aériennes à feuilles verticales et sur la face externe des plantes aquatiques. Ils s'ouvrent quand il fait jour, quand la plante a trop d'eau ou quand l'atmosphère est sèche. Ils se ferment quand la température excède 30 °C, quand il fait nuit, quand l'atmosphère est humide ou quand la plante présente un déficit en eau.

Un dentiste anglais, Nigel Middleton, s'est inspiré de cette organisation en concevant Stomatex, un textile destiné à évacuer l'excès de cha-

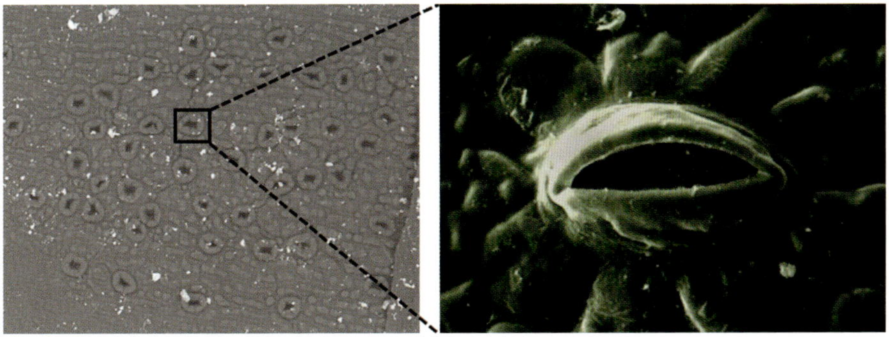

3.1 Les stomates à la surface des feuilles (dont l'un, à gauche, est agrandi à droite) sont des pores au nombre de 50 à 500 par mm². Ils ont de multiples fonctions, dont la régulation hydrique. © Creative Commons Attribution 3.0.

leur corporelle et de transpiration chez les militaires et les sportifs. Il est composé d'un matériau à base de caoutchouc synthétique épais de 2 à 6 mm, constellé de dômes convexes percés d'un minuscule trou central. Suivant les lois physiques naturelles de la diffusion, un pompage de l'air humide au niveau de chaque dôme augmente ou diminue selon l'activité physique de l'utilisateur.

Des vêtements ou chaussures en Stomatex sont déjà utilisés par des athlètes olympiques, des surfeurs, des plongeurs de la Royal Navy ou pour des rééducations orthomédicales [111].

L'effet pigne

Divers produits récents de l'industrie textile sont inspirés de la respiration des feuilles, en général, et de la façon dont les pommes de pin (ou pignes) se protègent contre l'humidité, en particulier. Chez les Grecs et les Romains, les pignes étaient symbole de fécondité lorsque leurs écailles sont ouvertes et symbole phallique lorsqu'elles sont fermées.

Les pignes femelles – du pin parasol ou pin maritime – sont, en effet, des réceptacles à graines. Au tout début de leur développement, leurs écailles abritent des ovules. Pendant un temps, elles se déploient pour permettre au pollen, issu des pignes mâles, de venir s'y déposer et féconder les gamètes. Les écailles se referment ensuite jusqu'à ce que les graines se forment. Elles s'ouvrent à nouveau pour laisser échapper la graine arrivée à maturité.

Ces mouvements sont orchestrés en fonction de la température et de l'humidité ambiante. Il est intéressant en effet de déployer les écailles en saison chaude et venteuse, lorsque le pollen est dispersé ou lorsque les graines peuvent germer. Il est aussi intéressant de les refermer en saison de pluie pour éviter le pourrissement ou en saison froide, quand il n'y a plus de graines à protéger. Ces mouvements sont dits *hygroscopiques*.

Ces changements de forme s'expliquent par la structure des écailles. Chacune est constituée de deux zones. L'une est le corps principal et l'autre, à sa base, appelée *zone charnière*, est située à la jonction du cœur de la pomme de pin. C'est cette dernière qui semble être responsable des mouvements. Dans sa couche externe, elle contient des fibres de lignine parallèles qui grossissent à l'humidité et rétrécissent en séchant, tandis que la couche interne ne répond pas à ces changements hydriques. Les différentes contraintes mécaniques exercées sur les deux couches expliquent l'ouverture et la fermeture des écailles.

Ce phénomène bien connu est nommé *effet bilame*. Il a été découvert au XVIIIe siècle par l'horloger John Harrison qui l'a appliqué aux thermostats en exploitant la différence de dilatation thermique de deux lames de métaux différents.

Des chercheurs de l'université de Bath et du London College ont produit le tissu Inotek qui, contrairement aux innovations similaires, réagit au seul facteur humidité. Ils partent du fait que l'inconfort des vêtements de sport résulte moins de la température ambiante que de la sensation de moiteur. Le textile facilite donc l'évacuation de l'humidité avant que le porteur ne la ressente.

Le tissu, breveté par l'entreprise britannique MMT Textiles, est en fibres constituées de deux polymères (un noyau en polypropylène et une gaine en nylon) à taux de rétrécissement naturels différents.

Quand l'humidité provenant de la peau augmente, les fils Inotek se contractent spontanément – comme les écailles des pignes –, ouvrent de plus grandes ouvertures entre les fils – comme les stomates des feuilles – et facilitent le transport de la vapeur vers l'extérieur. Ainsi le textile ne se gorge pas d'eau comme des vêtements en coton ou laine classiques. Lorsque l'humidité diminue, les fibres se développent et isolent le corps de la chaleur.

Des prototypes sont en cours de développement en vue d'une exploitation commerciale.

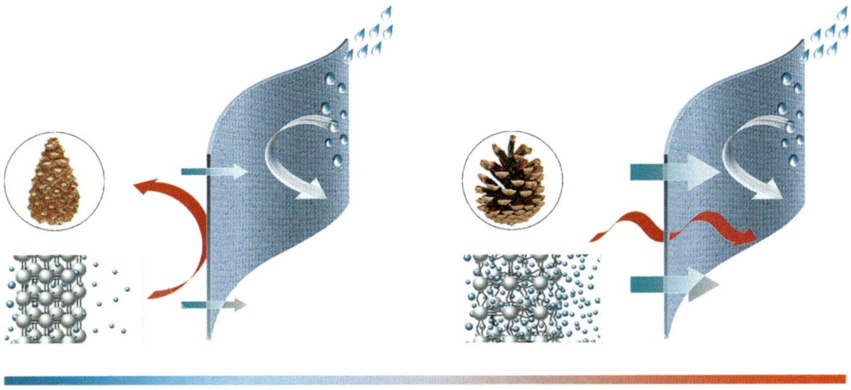

3.2 Le textile C_change est constitué de fibres cellulosiques de différentes matières qui ouvrent des micro-volets permettant au tissu de « respirer ». © Schoeller Textil AG.

Le textile C_change, déjà commercialisé par l'entreprise suisse Schoeller Textile Ag, s'inspire, lui aussi, de l'effet pigne, tout en réagissant à la fois à la chaleur et à l'humidité (Figure 3.2). En fonction des conditions extérieures, les fibres cellulosiques de différentes matières ouvrent de micro-volets et permettent au tissu de « respirer » [240].

2 Se protéger de l'eau… beaucoup

Lotus et coule dessus

Symbole de la pureté en Asie, le lotus est remarquable par sa propreté permanente, même lorsqu'il pousse dans des endroits marécageux ou boueux.

Il se trouve en effet que sa texture rejette toute molécule d'eau tombant à sa surface et que l'eau, en glissant sur la feuille, emporte toute poussière sur son passage. La plante est donc autonettoyante. Son revêtement lui sert principalement à évacuer les bactéries qui pourraient l'infecter.

Au microscope électronique, on s'aperçoit que la surface des feuilles présente des aspérités irrégulières – elles-mêmes hérissées de nano-trichomes – qui empêchent les gouttes d'y adhérer, comme ce serait le cas sur une surface totalement plane. Grâce à ces bosselettes et à la nature

3.3 La feuille de lotus est hydrophobe. Les poussières et bactéries sont emportées par les gouttes d'eau qui glissent sur ses aspérités irrégulières – elles-mêmes hérissées de nano-trichomes de surface. Cela ne se produirait pas si la feuille était parfaitement lisse. © Creative Commons Attribution 3.0.

des interactions qu'elles développent à l'échelle atomique avec la molécule d'eau, une goutte peut emporter toute la poussière et les parasites sur son passage (Figure 3.3).

Cet « effet lotus » a été exploité dans les années 1990 par des chercheurs de l'Institut botanique de l'université de Bonn [15, 67]. Usant de procédés relevant des nanotechnologies – œuvrant à une échelle au milliardième de mètre –l'entreprise américaine Sto AG a mis notamment sur le marché une peinture, la Lotusan, et un aérosol. Constitués de nanopoudres hydrophobes mêlées à des cires variées, ces produits peuvent être projetés sur n'importe quelle surface et s'organisent spontanément en micro-aspérités en séchant sur leur support.

Lotus-Effect est la marque déposée pour ces produits micro- et nano-structurés, annoncés comme les seuls véritablement autonettoyants. On les trouve notamment sur les capteurs optiques situés aux péages des autoroutes allemandes, sur des façades, des tuiles, des véhicules. Dans un cadre domestique, on les trouve aussi sur les vitres, les panneaux de douche, les vêtements, l'éclairage et divers ustensiles de cuisine.

La longévité de ces produits super-hydrophobes n'est pourtant pas assurée. Les aspérités, en s'émoussant, peuvent même rendre les supports hydrophiles. La plante aquatique a résolu ce problème... en renouvelant tout simplement ses feuilles ! D'autres précautions doivent être prises en compte pour éviter l'absorption des micro- ou nano-particules utilisées, potentiellement nocives pour l'organisme, comme l'oxyde de titane.

E pericoloso sporgersi

« Une plante carnivore peut pas être végétarienne. Je crois ». Le bon sens de cette « brève de comptoir » est avéré, bien que de récentes observations aient révélé que ces plantes auraient tendance à le devenir sous l'effet de la pollution ! Il reste qu'elles ont développé des stratagèmes strictement spécialisés dans la digestion d'animaux. Contraintes de trouver de l'azote que leur sol ne possède plus en quantité suffisante, elles s'en procurent en digérant des viandes diverses, fourmis, scorpions, araignées, mais aussi vers, escargots, grenouilles ou rongeurs.

Afin de capturer leurs proies, elles diffèrent dans leurs stratégies de chasse. Certaines, comme la drosera, adoptent celle du papier tue-mouches. Elles piègent l'animal sur leurs feuilles recouvertes de tentacules collants, puis l'attirent par d'autres tentacules non adhésifs qui se replient vers le centre de la plante. La stratégie de la dionée – dite Vénus gobe-

3.4 La fleur de la plante carnivore népenthès possède trois zones : la première, sur le bord supérieur, est attractive pour les proies grâce à un nectar ; la seconde, glissante, sur laquelle dérapent les proies lorsqu'elles se penchent sur le bord ; la troisième, digestive, dans le fond duquel les proies sont anesthésiées puis dissoutes dans un liquide constitué d'eau de pluie et de sucs digestifs. © Creative Commons Attribution 3.0/Katja Rembold.

mouche – rappelle vaguement le piège à loup. Elle attire les proies par des glandes nectarifères situées sur la périphérie de sa mâchoire, formée de deux lobes dentus qui vont se refermer en s'entrecroisant pour empêcher la fuite. Le piège ne se déclenche que lorsque des poils sensitifs sont stimulés.

La népenthès n'évoque ni le papier tue-mouche, ni le piège à loup (Figure 3.4). Elle doit son nom au botaniste Linné, en référence à la drogue népenthès qu'Hélène de Troie aurait versé discrètement dans le vin de Télémaque pour dissiper le chagrin que lui causait l'absence de son père Ulysse. Linné pensait en effet que la plante ne faisait qu'étourdir les insectes. Darwin en revanche révéla son régime carné.

La fleur de népenthès se compose d'une grande urne surmontée d'un capuchon. L'urne est constituée de trois parties : une zone attractive sur le bord supérieur, où est sécrété un nectar qui attire les proies ; une zone glissante sur laquelle elles dérapent lorsqu'elles se penchent sur le bord ; une zone digestive où elles sont anesthésiées puis dissoutes dans un liquide constitué d'eau de pluie et de sucs digestifs.

Le capuchon, en se soulevant plus ou moins, permet à la fleur de réguler la quantité de pluie qui tombe dans son entonnoir.

Des ingénieurs de l'université de Harvard se sont intéressés particulièrement à la zone glissante de népenthès. De nature spongieuse, elle est recouverte d'un film aqueux et lubrifiant qui repousse chimiquement de nombreuses substances, liquides ou solides, inorganiques et organiques[1], et notamment la fine couche huileuse qui recouvre les pattes des proies. Cette zone est donc encore plus « repoussante » que la feuille de lotus car elle n'est pas seulement hydrophobe mais, en quelque sorte, « polyphobe ».

S'inspirant de cette organisation, les scientifiques ont mis au point un matériau qu'ils ont nommé SLIPS (*slippery liquid-infused porous surfaces*) [246]. Il se compose d'une substance poreuse nano et micro-structurée, remplie d'un liquide aqueux et lubrifiant. Comme sur la zone glissante de la plante, ce composé autonettoyant est capable de repousser non seulement l'eau mais aussi l'huile, l'encre, le pétrole brut ou des liquides organiques tels que le lait, le blanc d'œuf et le sang. Il repousse même les bactéries.

1. Les liquides dits inorganiques sont des liquides non produits par un organisme vivant.

D'après les chercheurs, ce matériau résiste à l'humidité, à de fortes pressions, aux basses températures et il est peu coûteux. Autre propriété remarquable : il est capable de s'auto-réparer car, lorsque l'on gratte sa surface, le film lubrifiant se reconstitue spontanément et ne perd pas ses qualités répulsives !

Au prix de quelques perfectionnements, en particulier dans le choix du lubrifiant, de multiples applications sont envisagées. Recouvrant l'intérieur des bouteilles de condiments – ketchup, miel, mayonnaise, moutarde – afin que l'intégralité du contenu s'écoule aisément, ce matériau pourrait minimiser le gaspillage alimentaire.

Utilisé à l'intérieur des canalisations, il faciliterait le transport du pétrole ou repousserait les substances inorganiques et organiques diverses responsables d'obstructions. Recouvrant les coques de bateaux, il aurait une propriété antisalissure (*antifouling*). Transparent, il pourrait également préserver des surfaces de toute trace de doigts ou de graffitis.

Salvinia nec mergitur

3.5 *Salvinia molesta* est une algue qui flotte mais ne sombre jamais, grâce à ses trichomes en forme de batteur à œuf (à gauche). Une texture artificielle s'en est inspirée en vue de réduire la friction de l'eau sur les coques des bateaux (à droite). © Istituto Italiano di Tecnologia, Pontedera.

Salvinia molesta est une fougère aquatique américaine et australienne éminemment indésirable, car elle se développe tellement rapidement qu'elle est capable d'obstruer des cours d'eau.

3.6 Les trichomes de *Salvinia* (en vert) sont recouverts d'une substance cireuse hydrophobe qui emprisonnent de multiples bulles d'air. Ces dernières permettent à la feuille, plongée dans l'eau, de remonter immédiatement à la surface. À l'inverse, les pointes des trichomes sont hydrophiles (points rouges) et retiennent de fines gouttelettes qui aident à retenir l'air lorsque la feuille plonge sous l'eau (en bleu).

Pourtant, chercheurs et ingénieurs lui accordent un vif intérêt en raison de sa remarquable capacité à ne jamais couler. Le brevet Salvinia Effekt, déposé en 2002 par les équipes allemandes déjà impliquées dans l'Effet Lotus, exploite la façon dont la plante flottante réalise cette prouesse [20].

La surface de ses feuilles est recouverte de nombreux trichomes dont les minuscules extrémités ont une forme rappelant celle des batteurs montant les blancs d'œuf en neige (Figure 3.5). Ces extrémités forment de petites poches recouvertes d'une substance cireuse hydrophobe qui emprisonnent de multiples bulles d'air. Ces dernières permettent à la feuille, plongée dans l'eau, de remonter immédiatement à la surface. À l'inverse, leurs pointes hydrophiles retiennent de fines gouttelettes, se révélant indispensables pour retenir l'air lorsque la feuille plonge sous l'eau (Figure 3.6).

Des chercheurs italiens ont produit une texture comparable en soumettant la surface d'une résine à un bombardement laser. Bien que cette surface soit hydrophile et que les aspérités ainsi obtenues soient 100 fois plus petites que les trichomes naturels, des revêtements Salvinia Effekt utilisés sur des bateaux entraînent déjà une réduction de la friction de l'eau de 10 % à 30 %. Leur efficacité persisterait pendant plusieurs mois [231].

Des développements supplémentaires sont cependant nécessaires à la commercialisation à grande échelle de ce type de produit. À terme, on estime qu'il pourrait permettre d'économiser 125 millions de tonnes de carburant par an et de réduire les dégagements de CO_2 de 395 millions de tonnes. D'autres applications sont également en cours, comme une texture capable de bloquer les ondes des sonars, intéressant bien entendu le domaine militaire.

3 Se protéger de l'eau… pas du tout

La sécheresse d'un territoire se définit de multiples façons, selon qu'elle concerne la fréquence des précipitations, la teneur d'eau dans le sol ou dans les nappes phréatiques. Dans tous les cas, elle provoque plus de victimes que toutes les guerres, les cyclones et les tremblements de terre. Elle serait responsable de l'effondrement de civilisations entières, comme les Mycéniens, les Hittites ou les Mayas. Elle ne touche pas seulement les humains, mais aussi toute la faune et la flore sauvages et domestiques. Par les incendies qu'elle provoque, elle impacte les émanations de gaz à effet de serre, ce qui peut à terme en aggraver les effets.

Divers moyens sont appliqués pour capter ou retenir l'eau douce en vue d'éradiquer ce fléau.

Les moissonneurs de brume

L'exemple de quelques plantes, comme l'eucalyptus, le caféier, le dattier, l'acacia ou l'agave est, de ce point de vue, particulièrement édifiant. Elles sont connues pour leur capacité à recueillir les « précipitations horizontales », autrement dit le brouillard. La plante la plus spectaculaire fut sans doute le garoé ou arbre fontaine, symbole des Canaries et disparu au XVIIe siècle[1], produisant environ 80 litres d'eau par jour.

Ces plantes ont en commun de résister à des climats très chauds. Leur adaptation à la sécheresse s'est traduite par une protection des surfaces d'évaporation souvent recouvertes d'une sorte de cire et équipées de petits filaments pouvant retenir l'humidité. La capacité de ruissellement en surface résulte non seulement de leur texture, mais aussi de leur emplacement : ces plantes doivent être suffisamment haut perchées, ventées et capables de maximiser la turbulence de l'air autour d'elles.

1. À la fin des années 1940, un nouvel arbre a été planté à la place du dernier spécimen.

Ces caractéristiques de structure et d'orientation ont été prises en compte pour fabriquer d'immenses filets qui captent par condensation les fines gouttelettes de *camanchaca*, le brouillard qui se forme au-dessus des montagnes dans le désert de l'Atacama au Chili. On les nomme *atrapanieblas*, « attrape-brouillard » ou, plus joliment, « moissonneurs de brume » [39, 74].

Les cinquante premiers filets prototypes, d'une surface de 48 mètres carrés chacun, ont été installés en 1987 dans la région aride d'El Tofo. Leur texture en polypropylène de 0,1 millimètre d'épaisseur permettait l'amoncellement des gouttes, puis leur glissement par gravité dans une gouttière située au pied du dispositif. L'eau s'écoulait ensuite jusqu'à un réservoir situé à quelques centaines de mètres et desservait les villages de pêcheurs de Chungungo et de Los Hornos. Il y a quelques années, 75 de ces filets pouvaient encore fournir 40 litres d'eau par personne et par jour.

Le projet a été progressivement abandonné, victime d'un succès ayant entraîné un afflux trop soudain et massif de population, mais d'autres filets sont actuellement fonctionnels dans d'autres régions sèches, comme au Yémen, au Népal ou au Cap-Vert. Dans une région du Guatemala à 3000 mètres d'altitude, ces filets recueillent 2000 litres d'eau par jour pour irriguer des cultures de pommes de terre.

Dans le Sud-Ouest marocain, ils ont transformé la vie de cinq villages en fournissant environ 6300 litres par jour. Cependant le coût de leur entretien reste un frein à leur extension globale dans tout pays aride.

Très récemment, un architecte italien a conçu Warka Water, une tour dé-brouillarde en bambou et filet de neuf mètres de haut, du nom d'un arbre éthiopien lui aussi en voie de disparition. Elle a le mérite d'être peu chère et de pouvoir être construite par seulement quatre personnes. Testée à Dorzé, un petit village éthiopien, elle produit environ 100 litres par jour.

Le capteur de brouillard Aeonium, présenté par des étudiants de l'École d'Architecture de l'université de Laval au Canada et de l'École nationale supérieure d'Architecture de Grenoble est, quant à lui, construit près d'un village du Burkina Faso (Figure 3.7). Il s'inspire de plantes dites *xérophiles*, qui s'adaptent à des climats très secs en ouvrant leurs stomates pour recueillir l'eau nocturne et en les refermant à la chaleur du jour.

Le dôme de cette réalisation est composé de plaques de bois agissant de la même façon, grâce à leurs propriétés hygroscopiques. La nuit, lorsque le taux d'humidité ambiant augmente, les cellules du bois se gonflent de

3.7 Le capteur de brouillard Aeonium, construit près d'un village du Burkina Faso, recueille le brouillard qui se forme pendant la nuit. L'eau est canalisée vers un bassin où elle est purifiée par des plantes spécifiques. © Aeonium.

liquide, ce qui déplace les plaques et ménage ainsi des ouvertures dans le dôme. Des gouttelettes viennent alors se fixer sur un tissage tendu sous le dôme. L'eau ainsi recueillie est canalisée vers un bassin où elle est purifiée par des plantes spécifiques. Lorsque le jour se lève et que le taux d'humidité diminue, l'eau contenue dans le bois s'évapore, ce qui fait reprendre aux plaques leur position initiale, et le dôme se referme.

Il y a un cactus…

Sur le drapeau du Mexique trône un aigle aux ailes déployées, perché sur un cactus et dévorant un serpent. C'est en souvenir du signe par lequel Huitzilopochtli, dieu du soleil et de la guerre, indiqua au peuple aztèque l'endroit où fonder leur ville Tenochtitlan – la future Mexico – ce qu'ils firent en 1325, après 165 ans d'errance.

3.8 Le cactus *Opuntia microdasys* et ses petits bouquets de glochides, petites épines duveteuses grâce auxquelles le cactus ne manquera pas d'eau. © Creative Commons Attribution 2.5.

Ce cactus est le nopal (*Opuntia ficus indica*), figuier de Barbarie vénéré au Mexique. Comme d'autres plantes de la famille des Cactacées, il a été importé en Europe au cours du XVIe siècle.

Les 2000 espèces de cactus ont des morphologies hétéroclites: grimpants ou rampants, candélabres ou plats, sphériques ou en raquettes, nains ou géants, avec ou sans fleurs. Leurs épines peuvent être papyracées, étoilées, plumeuses, sétacées, laineuses ou pectinées.

Ce que ces plantes présentent ostensiblement ne sont pas des feuilles, mais des tiges élargies nommées *cladodes*. Les feuilles ont régressé et sont soit minuscules, soit invisibles, soit transformées en épines. Ces dernières ont de multiples fonctions: elles protègent la plante contre les radiations solaires, contre les prédateurs, mais aussi contre la déshydratation.

Presque tous les cactus sont des plantes dites « succulentes », c'est-à-dire qu'ils stockent dans leurs tiges et racines un gros volume de suc aqueux leur permettant de résister à la sécheresse. Composées de 90 % d'eau, ces plantes ont développé diverses stratégies pour capter ce liquide.

Les *Opuntias* possèdent en général deux sortes d'épines, des longues et droites ainsi que de petits aiguillons minces et écaillés en hameçon, qu'on appelle *glochides*. Les premières assurent principalement une fonction défensive et de protection contre l'insolation. Les seconds ont intéressé plus particulièrement des chercheurs de l'université de Beihang à Pékin, car ils sont capables de drainer la légère brume des nuits désertiques.

Cette équipe a étudié ce mécanisme sur *Opuntia microdasys*, car cette plante du désert mexicain de Chihuahua possède des milliers de petits bouquets d'une centaine de glochides (Figure 3.8). D'environ 2 millimètres de long, chacun est de forme conique, barbu au sommet, pourvu d'un sillon central et entourée d'une ceinture de poils. Cette organisation harponne littéralement les fines gouttelettes de brouillard. Quand les gouttes augmentent de volume, elles glissent dans le sillon le long de l'aiguillon, tombent emprisonnées par les poils où elles sont finalement absorbées par la plante. La disposition spatiale de tous les glochides favorise leur coopération pour augmenter la collecte.

Sur ce modèle, l'équipe de chercheurs a conçu un cactus artificiel en éponge, hérissé de 180 épines d'argent rainurées, qui réussit à capter 1,3 millilitre d'eau en seulement 15 minutes. Ils estiment que 200 de ces modèles pourraient fournir les besoins quotidiens d'un adulte en moins de 2 heures et demie [16].

Ces mêmes chercheurs ont imaginé un autre dispositif capable d'extraire du pétrole d'un mélange eau-pétrole. Les deux sortes de gouttes sont retenues par les épines d'argent et collectées dans deux réservoirs séparés. On imagine facilement l'intérêt, contre la pollution marine, d'un tel appareil cacté !

… mais pas que !

Très œcuméniques, des chercheurs de Harvard ont préféré fédérer les qualités dé-brouillardes d'un scarabée, d'un cactus et d'une plante carnivore [176].

Le scarabée est *Onymacris*, le cactus est du type *Opuntia* et la plante carnivore est népenthès. Tous trois sont champions dans la collecte de brumes, *Onymacris* avec son dos bosselé[1], *Opuntia* avec ses glochides et népenthès avec sa zone glissante.

1. Voir la description du scarabée voisin *Stenocora* dans *Poulpe fiction* (A. Guillot & J-A. Meyer, Dunod, 2014).

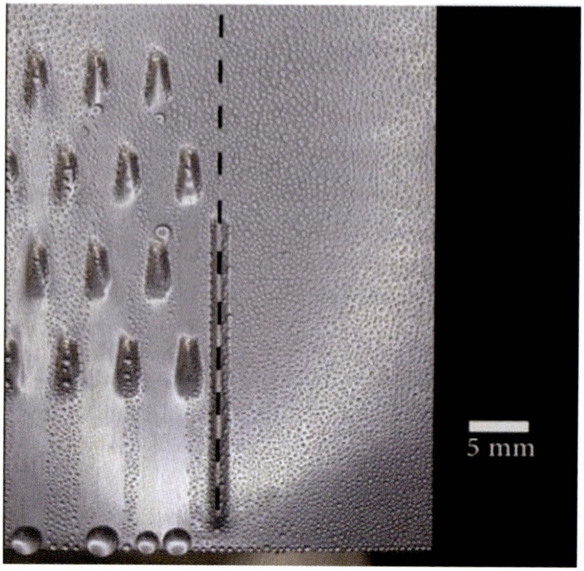

3.9 Cet extrait de film permet de comparer les vitesses d'écoulement de gouttes d'eau le long de deux plaques verticales en aluminium. Les gouttelettes d'eau glissent beaucoup plus vite le long d'une lame percée de glochides artificiels (inspirés du scarabée, du cactus et d'une fleur carnivore) et se sont déjà accumulées à son extrémité (à gauche), alors qu'elles peinent à glisser le long d'une lame lisse et qu'aucune n'a encore atteint le fond (à droite). © Joanna Aizenberg, Harvard University.

Les chercheurs ont calculé le rayon de courbure optimal des bosselettes du scarabée pour que les gouttelettes tombent plus vite. Puis, ils ont intégré à cette géométrie une « rampe » en forme de V analogue au sillon des glochides du cactus. Enfin, ils ont renforcé le caractère glissant de ces aspérités en l'enduisant d'un nano-revêtement inspiré de la plante carnivore.

Le matériau résultant est une fine couche d'aluminium pressée entre deux moules ayant les formes bosselées et épineuses souhaitées, conçus par une imprimante 3D. Cette couche est ensuite traitée pour qu'elle soit aussi hydrophobe que la zone glissante de népenthès.

D'après les scientifiques, ces bosses sont capables de récupérer de grosses gouttes, même contre la gravité et par une température défavorable. La collecte est six fois plus rentable que ce que permettent d'autres surfaces inspirées par les seuls scarabées ou plantes, car un plus grand volume d'eau est récupéré à chaque ruissellement. La distance entre les « rampes » est aussi optimisée pour que, en cas de gel, les cristaux ne puissent pas s'agréger entre eux et fondent plus rapidement (Figure 3.9).

Ce matériau pourrait donc empêcher l'accumulation de glace sur les appareils de climatisation, sur des ailes d'avion ou sur des pales d'éoliennes. Des travaux sont en cours pour transformer ce prototype en produit industriel.

4 Sous les palétuviers

Une fois récupérée dans les nappes et les précipitations diverses, l'eau ne suffit déjà plus sur Terre, car près de quatre milliards d'humains sont en pénurie grave. Pourtant, notre planète bleue est recouverte de 70,8 % d'eau, mais 97,5 % sont non potables, car trop salés.

Les organismes vivants ne tolèrent pas l'absorption élevée d'eau marine. Se retrouvant dans le liquide entourant leurs cellules, cette eau trop salée pompe l'eau intracellulaire par osmose et les déshydrate gravement.

Certaines plantes se sont pourtant accommodées de ce trop-plein de sel. La salicorne, qui pousse en bord de mer ou de marais salants, capte ce minéral dans des segments de ses tiges. Lorsque ceux-ci sont gorgés de sel, ils brunissent et tombent. L'arroche marine ou épinard de mer, aux feuilles charnues et argentées, remplit de sel de petites vésicules situées à la surface. Lorsqu'elles sont pleines, elles rejettent le produit comme de minuscules salières.

Cependant la championne du dessalage est sans conteste la mangrove, un écosystème présent dans les marais et littoraux africains, asiatiques, américains et océaniens [186]. Les palétuviers qui la composent en partie se sont adaptés à ce régime salé. Leurs racines aériennes, qui trempent dans l'eau selon les marées, sont de véritables usines de désalinisation (Figure 3.10). Filtrant l'eau marine à travers leurs membranes, elles accumulent le sel dans de vieilles feuilles ou dans des glandes situées sous les feuilles.

Ce sont les *aquaporines*, des protéines-canaux transmembranaires de 0,3 nanomètre de large et 2 de long, qui assurent le passage rapide de l'eau – quelques huit milliards de molécules d'eau par seconde – et empêchent celui d'ions spécifiques. Découvertes par Peter Agre, prix Nobel 2003, les aquaporines sont présentes dans de nombreuses membranes cellulaires, notamment celles de cellules rénales humaines.

3.10 Les racines des palétuviers d'une mangrove de Guadeloupe filtrent le sel de l'eau.

Elles sont aussi présentes dans la plus externe des trois membranes des racines des palétuviers et bloquent le passage d'environ 90 % de sodium, constituant du sel. Ainsi les autres couches – dont la seconde, très poreuse – peuvent absorber une eau beaucoup plus douce. Cette usine de désalinisation naturelle est très efficace, très économe, et fonctionne sans produits chimiques polluants [115].

De nombreuses méthodes de désalinisation sont déjà opérantes, mais elles sont très chères, peu rentables ou destructrices pour les organismes vivant dans l'eau puisée. Certains chercheurs se tournent donc vers des méthodes bio-inspirées, visant à créer des « rivières inversées », qui auraient leurs sources en mer pour aller irriguer les terres.

Les deux dispositifs suivants ont été conçus en s'inspirant des palétuviers producteurs d'eau douce.

Gratte-palétuviers

3.11 Le projet Freshwater Factory envisage la construction d'immenses tours produisant de l'eau douce. Elles sont constituées d'un empilement de sphères métalliques abritant l'équivalent d'un hectare de palétuviers. © Design Crew for Architecture.

Le premier est issu du concours d'architecture eVolo Skyscraper gagné en 2010 par le projet Freshwater Factory, du cabinet français DCA (Design Crew for Architecture) [208].

Il est ainsi envisagé de dresser au bord d'un littoral des immenses tours de 280 mètres, constituées d'un empilement de sphères métalliques abritant l'équivalent d'un hectare de palétuviers (Figure 3.11). À chaque marée, l'eau salée serait pompée dans les sphères, puis filtrée par les racines des arbres. L'eau douce s'évaporerait des feuilles et serait récupérée dans de grands réservoirs. Leurs concepteurs estiment à 30 000 litres par jour la production de cette tour, soit les besoins quotidiens de 200 personnes ou d'un hectare de culture de tomates.

La région d'Almeria, au sud de l'Espagne, est particulièrement concernée par un tel dispositif, car, fournissant la plupart des fruits et légumes de l'Europe, elle est tenue pour responsable de la grande sécheresse du pays en aval du Tage depuis que les eaux de ce fleuve ont été largement détournées à son profit.

À la queue leu leu

Les seconds dispositifs sont beaucoup plus subtils, car ils visent à imiter les membranes filtrantes des racines des palétuviers.

Des chercheurs de l'université nationale de Singapour ont mis au point une nouvelle technologie pouvant réduire les coûts de purification de l'eau de 30 %. Présentée comme « innovante, simple et facile à mettre en œuvre », elle met en œuvre une membrane filtrante inspirée de celles des racines des palétuviers, dans laquelle des aquaporines de taille nanométriques ont été incorporées. La membrane laisse ainsi l'eau à très faible taux de sel passer plus rapidement [238].

Aquaporin Inside, une jeune entreprise danoise, a également déposé des brevets d'une semblable membrane filtrante particulièrement économique.

Il faut croire que des biophysiciens américains n'ont pas trouvé le procédé si simple puisqu'ils ont exploré une tout autre approche, en remplaçant les aquaporines par des canaux artificiels, plus faciles à insérer dans les membranes [232].

Ils ont en effet fabriqué des nanotubes de carbones de 0,7 nanomètre de large et de 10 de long, 50 000 fois plus fins qu'un cheveu humain et bien moins larges que des nanotubes existants (1,5 nanomètre). Quoique plus fins, ils sont capables paradoxalement d'augmenter le débit du liquide à filtrer. Au lieu de se précipiter en foule dans le canal, les molécules d'eau doivent en effet s'y glisser les unes derrière les autres, à la queue leu leu, rendant le flux plus régulier et évitant l'adhésion de certaines d'entre elles aux parois (Figure 3.12).

Les chercheurs ont même constaté, non sans une légitime fierté, que ce dispositif était six fois plus efficace que celui de la nature ! De nouveaux dispositifs de dessalage beaucoup moins onéreux et nocifs pour l'environnement vont donc bientôt voir le jour.

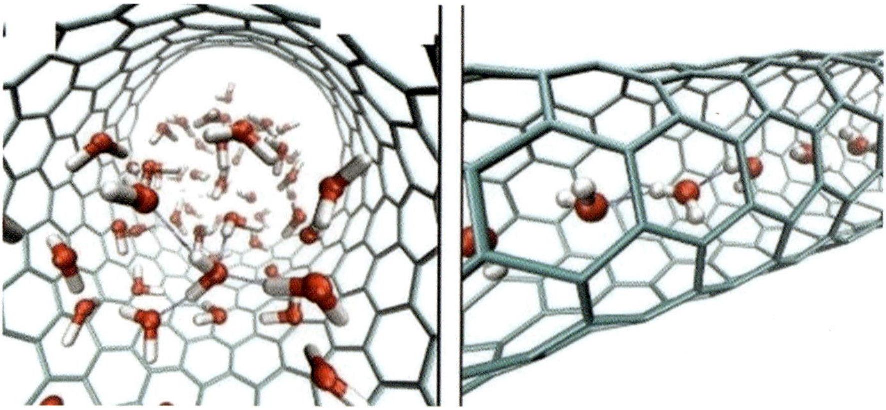

3.12 Contre-intuitivement, le flux d'eau est moins rapide dans un tube large (à gauche) que dans un tube plus étroit (à droite), où les molécules se déplacent « à la queue leu leu ».

5 Vessie de sirène

L'eau salée ou douce est une source non négligeable d'énergie lorsque, par sa force mécanique, elle peut engendrer de l'électricité. Il a été estimé que les seules forces des vagues de la façade atlantique de la France pouvaient générer plus de 40 Terawatts-heure par an (TWh/an)[1]. Comparée à la consommation mondiale en 2015 – environ 24 255 TWh/an –, cette production paraît cependant dérisoire et d'autres moyens doivent être recherchés pour l'augmenter.

C'est ainsi que les ingénieurs de l'entreprise australienne BioPower System ont détecté dans leurs eaux un candidat particulièrement apte à inspirer une hydrolienne capable de résister aux très fortes turbulences des zones côtières. C'est un varech tacheté, ou plus exactement un protiste appelé *kelp* et surnommé *varech fouet de taureau* à cause de sa ressemblance avec la queue de l'animal. Son nom de genre, *Nereocystis*, signifie en grec « vessie de sirène », une appellation due à ses bulbes remplis de gaz, les pneumatocystes (Figure 3.13, haut).

C'est l'un des varechs les plus grands, les plus résistants et les plus souples du monde. Ses feuilles attrapent la lumière grâce aux bulbes flottants les maintenant proches de la surface. Le varech accompagne ainsi le courant mais ne s'y oppose pas, de sorte qu'il sort indemne des plus fortes marées.

L'hydrolienne bioWAVE de 400 tonnes et de 23 mètres de haut, testée en Tasmanie, est posée simplement au fond de l'eau [24]. L'axe central, surmonté de trois flotteurs remplis d'air, pivote d'avant en arrière, comme un pendule inversé, selon la force des marées (Figure 3.13, bas).

Ces mouvements accompagnant les courants ressemblent fort à ceux du varech et, comme lui, le dispositif peut résister à de violentes tempêtes. L'énergie mécanique produite est transformée en énergie électrique sur place et transmise à un câble la conduisant dans les terres. BioWAVE produit environ 250 kilowatts, ce qui peut alimenter quotidiennement environ 200 maisons.

Les caractéristiques inspirées du varech fouet de taureau procurent certains avantages à ce dispositif, comparés à des hydroliennes classiques : une

1. 1 TWh/an correspond à 10^{13} Wh/an.

3.13 En haut, le varech *Nereocystis luetkeana* attrape la lumière grâce à ses bulbes flottants qui le maintiennent proche de la surface. Il résiste ainsi aux plus fortes marées. © Jackie Hildering.

En bas, sous l'effet du courant, l'hydrolienne bioWAVE effectue des mouvements qui ressemblent fort à ceux de *Nereocystis luetkeana*. L'énergie mécanique produite, transformée en énergie électrique, est transmise à un câble la conduisant dans les terres. © BioPower Systems.

installation facile et peu onéreuse, ainsi qu'un bon rendement de production électrique à bord. En cas d'orage ou de tempête, les flotteurs se remplissent d'eau, font basculer l'axe du dispositif et le protègent en le mettant à plat. Quand la tempête se calme, de l'air comprimé chasse l'eau et les flotteurs se relèvent.

Selon les industriels, de tels dispositifs alimenteront bientôt une ville entière comme Melbourne.

RESTAURANT

4
Soleil vert

Le Soleil est la source de toute l'énergie nécessaire aux systèmes vivants. Pendant le jour, à partir d'eau et de dioxyde de carbone, les plantes vertes transforment l'énergie lumineuse en oxygène et en sucres (Figure 4.1). C'est la *photosynthèse*. Pendant le jour et la nuit, elles utilisent ces molécules pour produire toute leur énergie. C'est la *respiration*. Les animaux sont entièrement dépendants des plantes car ils sont obligés de récupérer les produits de la photosynthèse pour produire leur énergie par la respiration.

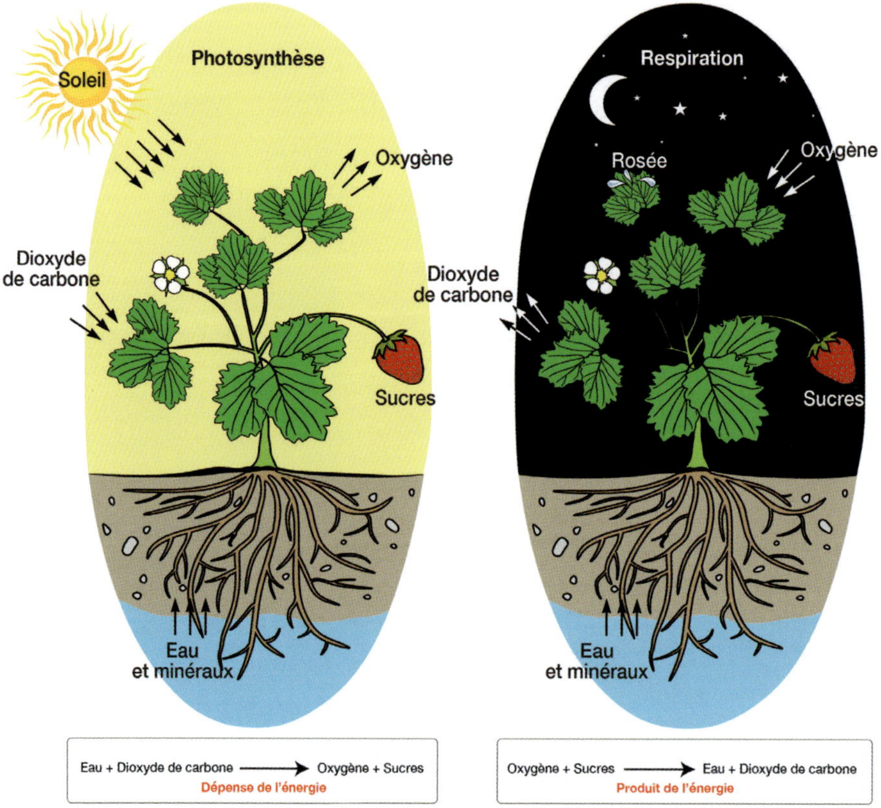

4.1 Afin de produire leur énergie, les plantes à chlorophylle ont une activité de photosynthèse et de respiration. La photosynthèse est effectuée dans les chloroplastes qui produisent de d'oxygène et des molécules organiques à partir du dioxyde de carbone et de l'eau. La respiration est effectuée dans les mitochondries qui produisent de l'énergie, du dioxyde de carbone et de l'eau à partir d'oxygène et de molécules organiques. © udaix/123rf.

Alors que les plantes, pour leurs besoins, captent environ 5 % du rayonnement solaire, on estime qu'il suffirait d'en capter seulement 0,01 % pour satisfaire la totalité de la consommation énergétique annuelle de toute l'humanité [124]. C'est pourquoi de nombreux centres de recherche dans le monde travaillent à la mise au point de procédés de photosynthèse artificielle [207]. Il s'agit de convertir en électricité la lumière du soleil.

Deux procédés sont en compétition, les cellules photoélectrochimiques – dites *feuilles artificielles* – et les cellules photovoltaïques – dites *cellules solaires*.

À l'instar des plantes à chlorophylle, et à partir de dioxyde de carbone, d'eau et de lumière, les feuilles artificielles visent principalement à fabriquer de l'hydrogène, qui peut être stocké et utilisé en cas de pénurie solaire. Il est ensuite utilisé dans des piles à combustibles pour produire de l'électricité. Ces cellules ne sont pas encore très développées car elles ont un rendement faible (une moyenne de 5 %), similaire à celui des feuilles naturelles.

Les cellules solaires agissent différemment. Exploitant la variation de conductivité d'un matériau semi-conducteur sous l'effet de la lumière, elles transforment l'énergie lumineuse en courant électrique continu. À l'exception de récentes innovations, utilisant des batteries au lithium ou au plomb par exemple, ces cellules ne sont pas capables de stocker l'électricité.

Les feuilles artificielles ont une supériorité sur les cellules solaires : elles peuvent capter le dioxyde de carbone de l'atmosphère qui est en surabondance, suite aux activités humaines. Les panneaux composés de cellules solaires sont bien plus rentables (gain de 20 %), mais ne sont pas biomimétiques. Cependant, à terme, ils peuvent bénéficier d'idées inspirées des végétaux pour améliorer leur rendement.

1 Des feuilles à la pelle

Une compétition mondiale s'est instaurée pour concevoir les feuilles artificielles les plus efficaces, car le stockage de l'énergie est une nécessité cruciale. « Pas de stockage ? Pas de puissance après 16 heures ! » remarque laconiquement le professeur à Caltech Nate

Lewis, l'un des spécialistes en la matière. Les principaux compétiteurs actuels sont ses collègues et des chercheurs de l'université de Harvard.

Les chercheurs de Caltech visent à produire de l'hydrogène stockable qui, ensuite, servira à fabriquer des biocarburants comme le méthane ou l'éthanol. Le procédé qu'ils ont conçu est cependant peu biomimétique car il emprunte plus aux catalyseurs de l'industrie pétrolière qu'à la photosynthèse d'une feuille naturelle. « Après tout », reconnaît Lewis, « après s'être inspiré d'oiseaux à plumes, les humains ont bien abandonné les plumes et inventé le 747 »...

Les chercheurs de Harvard veulent relever ce défi. Ils cherchent à contourner la production d'hydrogène en exploitant la lumière du soleil, l'eau et le dioxyde de carbone pour produire *directement* les carburants contenant du carbone, ce qui serait en outre bien plus rentable. Utilisant à la fois des matériaux inorganiques et des bactéries *Moorella thermoacetica* génétiquement modifiées, leur Bionic Leaf peut atteindre 10 % d'efficacité dans la conversion de la lumière en carburants à base d'alcool [45, 146].

« Les jours de forage dans le sol à la recherche de carburant peuvent être comptés, il s'agira simplement de chercher un ciel ensoleillé », assurent ces concepteurs. Cependant leurs bactéries se révèlent encore assez capricieuses, sensibles à l'acidité et à la température du milieu...

Les chercheurs de l'équipe SolHyCat de l'université de Grenoble explorent également de nouvelles technologies pour la production de carburants dits « solaires », sans utilisation de métaux rares comme le platine, mais en s'inspirant au plus près du fonctionnement des microalgues [10].

Les scientifiques accordent une immense importance à ce type de recherches. Elles pourraient révolutionner l'accès à l'énergie, pour des pays émergents ou du tiers-monde, en diminuant l'effet de serre, et ce bien plus efficacement que les panneaux photovoltaïques actuels.

Cependant les progrès sont, pour l'instant, très timides : un chercheur dans ce domaine les compare à ceux des premiers essais des pionniers de l'aviation, lorsque les frères Wright ne décollaient pratiquement pas du sol...

2 Photovoltaïque

Ce que vivent les roses

Au cours de l'évolution, afin de maximiser leur rendement énergétique, les plantes vertes ont acquis la capacité de collecter et piéger une partie importante du rayonnement solaire et ce, sous différents angles [123]. Les panneaux photovoltaïques pourraient bénéficier de cette capacité afin d'absorber davantage de lumière et de produire plus d'électricité pour une même surface.

À l'Institut de Technologie de Karlsruhe, ainsi qu'en Malaisie, des scientifiques ont étudié les propriétés optiques de différentes surfaces végétales

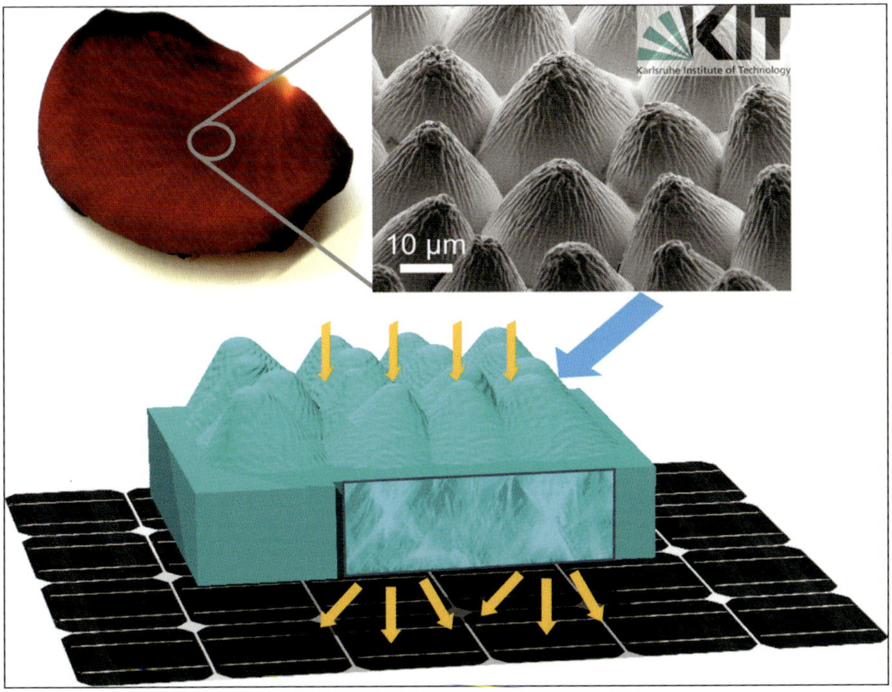

4.2 Une cellule solaire inspirée des trichomes d'un pétale de rose transforme l'énergie solaire en courant électrique continu. Sa propriété antireflet omnidirectionnelle lui procure un gain d'efficacité de 12 % pour une incidence normale des rayons lumineux et augmente considérablement en cas d'incidence oblique. © G. Gomard, Karlsruhe Institute of Technology.

susceptibles d'assurer une meilleure captation de la lumière. Ils ont finalement jeté leur dévolu sur l'épiderme des pétales de certaines plantes à fleur et plus particulièrement sur celui des roses [81]. Au microscope électronique, cette surface révèle la présence de cônes de quelques micromètres, arrangés de manière très compacte. Ce sont eux qui sont responsables de ces propriétés (Figure 4.2).

Les ingénieurs ont reproduit cette texture particulière dans une couche polymère transparente, puis l'ont intégrée à la surface d'une cellule photovoltaïque. Dû à l'excellente propriété antireflet omnidirectionnelle de ce revêtement, le gain d'efficacité est de 12 % pour une incidence normale des rayons lumineux et augmente considérablement en cas d'incidence oblique [105].

Quelle fleur est-il ?

Lorsque les cellules solaires ne peuvent capter la lumière de façon omnidirectionnelle, il est nécessaire pour elles de trouver l'angle le plus propice pour un ensoleillement maximum.

Environ 250 espèces de plantes dans les régions subtropicales sont héliotropes, c'est-à-dire que leurs fleurs se tournent naturellement et continuellement vers le soleil. Le produit de leur photosynthèse est de 9,5 % supérieur à celui des autres plantes.

Selon la mythologie grecque, ces plantes sont nées de la nymphe Clytie qui, aimée et abandonnée par Hélios, se posta nue sur un rocher pendant neuf jours, sans manger ni boire, regardant s'éloigner le char de son ex-amant d'est en ouest. Jaunie et brunie par ses rayons brûlants, elle se changea en tournesol. Depuis, elle représente la fidélité, mais aussi la fierté et l'orgueil.

Serait-il alors possible d'estimer l'heure solaire juste par la position cardinale du tournesol ?

Vers 1630, le père jésuite Athanasius Kircher avait conçu l'*Horoscopium heliotropicum*, une horloge héliotrope constituée d'un petit bassin au centre duquel il avait fait flotter un tournesol planté dans un pot de terre (Figure 4.3). N'étant plus entravée par ses racines, la plante pouvait s'orienter vers l'astre du jour. Les heures étaient marquées sur un anneau à la hauteur de la fleur. Kircher expliquait que ce mouvement était dû à un « magnétisme végétal » spécial. Néanmoins, après l'échec d'une démonstration publique du fonctionnement de cette horloge – épisode au cours duquel Kircher avait refusé de jurer qu'aucun autre ingrédient que la fleur

4.3 L'horloge de Kircher était censée indiquer l'heure par un tournesol dont la fleur s'orientait selon les mouvements du soleil. © Courtesy of Stanford University Libraries. Athanasius Kircher Gallery.

n'aurait été responsable de son fonctionnement correct – tous les savants de la République des Lettres en conclurent que le dispositif mettait en jeu une clepsydre et des aimants cachés [154].

On a longtemps pensé que le mouvement de cette fleur n'était dû qu'à l'auxine, une molécule régulatrice de croissance contenue dans la partie supérieure de la tige et responsable de l'élongation des cellules. Comme elle est dégradée par la lumière, l'auxine s'accumule du côté de la face ombragée de la tige. Les cellules de cette face croissent donc plus vite que celles de la face ensoleillée, la tige se déforme et, sous son poids, s'incline du côté du soleil. Ainsi, la tige de tournesol ne « tourne » pas : elle s'incline plus ou moins vers une direction donnée et la fleur semble suivre la course du soleil. Ce n'est pas sans rappeler l'effet bilame, cause du mouvement des écailles de pommes de pin.

Or cet effet ne semble pas être le seul mécanisme en cause. De très récents travaux de chercheurs californiens ont démontré que ce comportement n'était réservé qu'aux jeunes fleurs, car les tournesols matures restent en permanence orientés vers l'est ! Le jour, les juvéniles suivent la trajectoire du soleil, tournant leur fleur de 180° d'est en ouest et, la nuit, ils se réorientent lentement vers l'est en prévision du prochain lever de l'astre. Cependant, à mesure qu'ils se développent, ils tendent à se figer en direction de l'est [12].

D'après les expériences réalisées, outre l'action de l'auxine, il y aurait l'influence d'une horloge interne orchestrée par des gènes spécifiques. Des travaux supplémentaires doivent encore préciser leur implication, mais l'avantage évolutif de ces mouvements différentiels a été estimé : le suivi du soleil procure aux jeunes une croissance dix fois plus grande et l'orientation fixe vers l'est assure aux matures une attirance cinq fois plus grande de pollinisateurs.

Un avatar de tournesol

Nul ne soupçonnait, chez le cinéaste américain James Cameron, réalisateur de *Titanic* et d'*Avatar*, un tel amour pour l'énergie solaire. Or il se trouve qu'après avoir utilisé des panneaux solaires classiques pour ses tournages, il a eu l'idée de s'inspirer du tournesol pour créer une gigantesque fleur photovoltaïque.

En collaboration avec la société américaine Sonnen, il a développé et breveté une Sun Flower de 10 m de haut, composée de 14 pétales et se mouvant lentement – par un dispositif électrique – en utilisant les données astronomiques pour calculer la position du soleil [221] (Figure 4.4).

4.4 La Sunflower a été conçue par James Cameron – amoureux de l'énergie solaire – pour alimenter ses appareils lors de ses tournages. © Sonnen Systems.

Les premiers prototypes ont été implantés sur le campus d'une école de Malibu et fournissent ainsi environ 80 % des besoins électriques de l'établissement. Leurs mécanismes sont *open source*, c'est-à-dire que les détails correspondants sont connus de tous et que chacun peut leur apporter des améliorations.

Un tournesol domestique

La Smartflower, produit par la société autrichienne du même nom, est encore plus perfectionnée. C'est une fleur artificielle de 5 mètres de haut possédant 40 cellules photovoltaïques disposées sur chacun de ses 12 pétales, sur une surface de 18 mètres carrés [209].

Dans la journée, sa tige formée de deux axes, horizontal et vertical, déplace la fleur de façon à ce que sa surface soit toujours perpendiculaire aux rayons du soleil. Le soir, quand elle se ferme, et le matin, quand elle s'ouvre, un processus d'auto-nettoyage intervient, similaire à celui de la feuille de lotus. Un système de ventilation permet également de refroidir les pétales et, par vent violent, un autre dispositif les replie automatiquement.

4.5 Une Smartflower, ici implantée en France, permet d'économiser environ 40 % d'une facture d'électricité annuelle moyenne. © Creative Commons Atribution 4.0.

Tous les mouvements sont fournis par une batterie qui utilise une faible proportion de l'électricité générée par les pétales.

La Smartflower – proposée depuis peu par EDF – présente un rendement surpassant de plus de 50 % celui d'un panneau solaire immobile (Figure 4.5). Une seule fleur permet d'économiser environ 40 % d'une facture d'électricité annuelle moyenne. Seul son coût limite son succès public…

L'équipe Heliotrope

Ce sont trois étudiants de l'Institut de Technologie du Massachussetts (MIT) qui ont cerné de plus près le comportement du tournesol. Leur équipe, nommée Heliotrope, a remporté la finale d'un concours des technologies énergétiques les plus innovantes [41]. Leur projet concerne un matériau recouvert de cellules solaires qui suit la course du soleil, et ce sans aucune source énergétique ni dispositif électronique pour contrôler ses déplacements.

Ils ont exploité pour cela l'effet bilame déjà évoqué plus haut et produit une maquette en forme d'arche, constituée d'une double couche d'aluminium et d'acier. Lorsque l'une des couches est orientée vers la lumière alors que l'autre reste à l'ombre, le matériau se courbe et incline vers la lumière les cellules solaires dont il est porteur.

Ce dispositif est facile à nettoyer, durable et peu onéreux. Les matériaux de base sont facilement disponibles. Encore à l'état de prototype, il serait facilement exploitable dans les pays en développement.

Un acacia solaire

Promu par la COP21, le premier accord international sur le climat signé par 196 délégations, l'eTree est un arbre connecté alimenté uniquement par l'énergie solaire [69]. Sa forme rappelle celle des acacias des déserts d'Israël. Il est vrai qu'il a été conçu par la société Sologic Co. résidant dans ce pays, en collaboration avec une *start-up* française. L'arbre artificiel résiste à des vents de 170 kilomètres/heure et à des épaisseurs de 70 centimètres de neige. Il aurait une durée de vie de 40 à 50 ans.

Sous cet arbre électronique on peut trouver de l'ombre le jour, un endroit éclairé la nuit, des bornes de recharge pour téléphone, une station wifi et même une fontaine d'eau fraîche. Cette eau provient de la condensation de l'humidité de l'air et peut atteindre un volume de 13 à 40 litres par jour. Les feuilles photovoltaïques de cet arbre – de deux à sept suivant les emplacements – fournissent environ 7 kilowatts par jour, ce qui surpasse son besoin énergétique.

Présenté pour la première fois lors de la COP21 et déjà installé aux États-Unis, en Israël et au Kazakhstan, eTree a fait récemment son apparition en Europe dans la ville de Nevers, principalement comme « symbole de l'engagement numérique de la ville depuis 2014 », précise le maire local (Figure d'ouverture du chapitre).

L'erreur des architectes ?

Toujours vert, résistant et très couvrant, le lierre *Hedera helix* – nom qui lui a été donné par Virgile – a inspiré bien des mythes. Symbole de l'immortalité en Égypte, car il peut vivre près de 400 ans, on le nomme parfois arbre d'Osiris.

L'une des légendes grecques relate que Dionysos en porte au front en souvenir de son fils décédé, Kissos, transformé en cette plante par Gaïa, déesse de la Terre, prenant en pitié le chagrin du dieu de la vigne.

Symbole de la fidélité au Moyen-Âge, du lierre jaillit de la tombe de Tristan pour plonger dans celle d'Iseult, les deux sépultures ayant été volontairement séparées par le roi Marc.

Plus prosaïquement, George Bernard Shaw raconte une autre histoire. « Les architectes dissimulent leurs erreurs sous le lierre, les médecins sous la terre et les cuisinières sous la mayonnaise », assène-t-il perfidement.

S'il est indéniable que le lierre apporte un charme et un attrait particulier aux plus horribles des bâtiments qu'il recouvre, son rôle dans l'écosystème fait polémique. Tantôt il est décrit comme un mutualiste bienveillant, tantôt comme un ennemi parasite. Contrairement aux idées reçues, ses crampons n'absorbent pas les nutriments des troncs et des branches auxquels il s'attache car il se nourrit exclusivement au sol par ses propres racines. Il n'étrangle pas ses victimes, mais au contraire protège leurs écorces de la chaleur et des fractures dues au gel. Il inhibe aussi la prolifération des champignons et des bactéries pouvant les attaquer.

En revanche, lorsqu'il grimpe le long d'un arbre affaibli, il peut récupérer dans le sol la plupart des nutriments dont le malade aurait besoin et précipiter ainsi sa fin.

L'entreprise Sustainably Minded Interactive Technology (SMIT) à Brooklyn s'est inspiré de la capacité couvrante du lierre pour tapisser des façades de multiples petites cellules solaires flexibles, nommées Solar Ivy [211]. Fabriquées en polyéthylène recyclable à 100 % dans un éventail de couleurs très large, elles sont non seulement esthétiques mais aussi plus efficaces que les cellules d'un panneau classique (Figure 4.6). Elles produisent en effet de l'énergie en captant la lumière sur leur surface externe et, grâce à des générateurs piézoélectriques disposés sur leur surface interne, elles en produisent aussi en s'agitant dans le vent. Par leurs mouvements permanents, elles agissent comme de petites éoliennes tout en captant en même temps le rayonnement solaire de façon omnidirectionnelle. Les Solar Ivy assurent ainsi une production énergétique estimée à 85 watts pour une surface de 2,6 mètres carrés.

4.6 Ces façades sont recouvertes par les feuilles artificielles Solar Ivy. Par leurs mouvements permanents, elles agissent comme de petites éoliennes tout en captant en même temps le rayonnement solaire de façon omnidirectionnelle. © SMIT.

5
Autant en emporte le Vent

L'air est une ressource gratuite… jusqu'à présent. Les plantes l'utilisent pour y prélever un gaz indispensable à leur énergie ou pour se reproduire le plus loin possible, garantie de vigueur de l'espèce. Leurs procédés ont été transposés à des générateurs, des purificateurs et à des engins volants de toute dimension.

1 Des feuilles en essaim

L'énergie éolienne est devenue prioritaire dans les stratégies mondiales visant à éliminer les énergies fossiles et nucléaires.

En 2018, la capacité de toutes les éoliennes dans le monde a atteint un record par rapport aux années précédentes et peut maintenant couvrir environ 5 % de la demande mondiale. La production française se situe en 8e position, loin derrière l'Allemagne, l'Espagne ou la Grande-Bretagne. L'implantation des éoliennes pose en effet problème à nos compatriotes, qui les jugent trop bruyantes ou trop disgracieuses. Une innovation bio-inspirée propose de remédier à ces défauts.

« Les feuilles des arbres qui bougeaient dans le vent ». Cette observation banale a incité la *start-up* parisienne World Wind (plus récemment New World Wind) à concevoir un nouveau dispositif générateur d'énergie qui n'est pas loin de ressembler à Oscar, l'un des célèbres mobiles de Calder [9]… À l'instar du lierre solaire Solar Ivy, l'Arbre à Vent possède des feuilles qui bougent au moindre courant d'air (Figure 5.1). Chaque feuille Aeroleaf est une mini-turbine indépendante qui génère du courant électrique en tournant sur elle-même, par toutes les conditions climatiques, même les plus rudes, et résiste aux tempêtes.

Propriété remarquable, cet arbre artificiel fonctionne en « essaim ». Cette expression s'inspire du fonctionnement de la ruche, grâce auquel la production de miel n'est pas affectée par la défection de quelques abeilles. De la même façon, lorsque quelques feuilles de cet arbre sont déficientes, la production d'électricité n'en est pas impactée.

Dans cet arbre en acier et plastique de 9 mètres de haut, tous les câblages sont intégrés à l'intérieur du tronc. Contrairement aux éoliennes géantes, il est entièrement silencieux et fonctionne en continu, car la moindre brise

5.1 Chaque feuille Aeroleaf de l'Arbre à Vent est une mini-turbine indépendante qui génère du courant électrique en tournant sur elle-même, par toutes les conditions climatiques, même les plus rudes, et résiste aux tempêtes. Ces feuilles fonctionnent en « essaim », comme les sociétés d'insectes. © new world wind.

de 2 mètres par seconde est efficace. Il n'a donc pas besoin d'être placé en hauteur ou dans des endroits réputés venteux.

Un Arbre à Vent peut produire jusqu'à 3 500 kW/h par an, ce qui couvre jusqu'à 83 % des besoins électriques d'un ménage de quatre personnes, hors chauffage cependant. Comme l'eTree, il peut servir de borne de recharge pour un téléphone ou une voiture. Il est conçu pour durer au moins 15 ans.

À ce jour, la plantation de ces arbres électroniques reste confidentielle, sans doute à cause de leur prix élevé et du manque de recul concernant la résistance et la durabilité de ces nouvelles technologies.

2 #BalanceLesGraines

Les stratégies développées par les plantes pour disperser leurs graines sont aussi diverses que les comportements de cour des animaux – lesquels, précisons-le, ne sont pas l'apanage des mammifères mais s'observent aussi chez les poissons, les oiseaux ou les insectes.

Dans son ouvrage de 1907, *L'Intelligence des Fleurs*, Maurice Maeterlinck a décrit, ébloui, ces « merveilleux systèmes de dissémination, de propulsion, d'aviation » et cité notamment certains des procédés utilisés par les graines « pour s'évader de l'ombre maternelle », comme « l'hélice aérienne ou samare de l'Érable, la bractée du Tilleul, la machine à planer du Chardon, du Pissenlit, du Salsifis ; les ressorts détonants de l'Euphorbe, l'extraordinaire poire à gicler de la Momordique, les crochets à laine des Eriophiles » [139].

Des scientifiques de l'équipe prospective de l'Agence spatiale européenne (Esa) à Noordwijk, aux Pays-Bas, ont la conviction que ces stratégies de dispersion pourraient être une source d'inspiration déterminante pour les futures explorations spatiales vers des corps célestes solides, liquides ou gazeux [175]. En effet, la compréhension de la façon dont les plantes contrôlent le développement de leurs graines, dont elles fabriquent les composants pour leur dispersion, dont elles les gardent et surveillent l'environnement pour les disperser au bon moment serait utile pour que des vaisseaux spatiaux puissent arriver intègres à bon port après un voyage dans des conditions hasardeuses.

En attendant de telles retombées, deux stratégies de dispersion ont plus particulièrement intéressé les ingénieurs, celles des « virevoltants », sortes de petits buissons roulant sur le sol, et celles des samares de sycomores.

Virevouster et déminer

Les virevoltants (herbes qui roulent, *tumbleweed* en anglais) évoquent immédiatement les places abandonnées des villes fantômes du Far-West (Figure 5.2). Ces plantes asséchées et porteuses de graines tiennent leur nom du verbe ancien *virevouster*, renvoyant au mouvement du cavalier qui se balance autour de la croupe de son cheval pour l'enfourcher.

Plusieurs champignons et végétaux sont nommés virevoltants lorsque leurs parties aériennes peuvent sécher et se séparer de leurs tiges, lorsqu'elles ont une forme arrondie, lorsqu'elles ne perdent pas trop vite leurs graines, lorsque, enfin, elles mûrissent dans des environnements suffisamment ouverts et venteux pour pouvoir rouler sur des distances importantes.

5.2 Le virevoltant est emblématique des paysages du Far-West, mais il peut vite devenir très encombrant, entravant la circulation sur les routes, envahissant les surfaces cultivées ou étouffant les maisons. © Creative Commons Attribution 2.0.

Des équipes américaines et australiennes ont démontré que les plantes du genre *Salsola*, les soudes, peuvent parcourir entre quelques mètres et quatre kilomètres, tout en semant la moitié ou les trois-quarts de leurs dizaines de milliers de graines. Si elles restent bloquées, retenues par un obstacle, leurs graines tombent en moins grande quantité.

Le folklore entourant les courses erratiques de ces plantes ne doit pas dissimuler les dégâts qu'elles peuvent causer, entravant la circulation sur les routes, envahissant les surfaces cultivées ou étouffant les maisons. Le dispositif Mine Kafon, inspiré d'un virevoltant, a au contraire été conçu pour éviter un désastre, celui causé par les mines antipersonnel, dont le nombre est estimé à 110 millions dans le monde, tuant chaque année des milliers de personnes [156]. Son inventeur est un jeune designer afghan, installé au Pays-Bas après avoir fui son pays durement infesté par ces armes. La traduction du nom de son dispositif, « exploseur de mines », illustre bien sa fonction (Figure d'ouverture du chapitre).

De 190 centimètres de diamètre et pesant 90 kg, il est constitué de 150 tiges de bambou, à l'extrémité desquelles sont attachés des cercles en plastique biodégradable. Ceux-ci déclenchent les explosifs en virevoltant dans les champs de mines et indiquent par GPS les emplacements dangereux. Chaque Mine Kafon résiste à environ quatre explosions avant d'être définitivement détérioré.

Après avoir été expérimenté par l'armée néerlandaise et exposé au MoMa de New York et au CNAM à Paris, Mine Kafon est actuellement à la recherche de fonds pour se perfectionner.

Samare rotor

Les sycomores sont des érables géants, pouvant atteindre 35 mètres de haut et vivre 500 ans. Ils ne fleurissent que très tard, vers 20 ans, et produisent des samares, des graines ailées dont la chute – graine en bas, aile en haut – est amortie par un mouvement hélicoïdal élégant, tel un rotor d'hélicoptère (Figure 5.3, haut). Ce mécanisme ralentit la chute d'un facteur dix et permet la dispersion par le vent. Attention, ces graines sont mortelles pour les chevaux !

Ces chutes splendides ont inspiré l'hélice de Léonard de Vinci et incité de nombreux ingénieurs à reconsidérer les principes des engins tournoyant dans l'air [101, 200].

Samare au plafond

L'entreprise australienne Sycamore Technology a été inspirée par l'équilibre entre le poids de la graine du sycomore et la longueur de son aile, équilibre précis qui permet à l'ensemble de tournoyer de façon régulière, sans à-coup.

La pale de leur ventilateur de plafond Sycamore Ceiling Fan adopte la forme et la distribution des poids caractéristiques d'une samare [222]. Elle tourne jusqu'à 160 tours/minutes sans turbulence, avec un bruit minimal. Le ventilateur fournit un débit d'air élevé tout en étant très économique en énergie, comparativement à des dispositifs classiques.

Samares offshore

Plus les pales sont vastes, plus les éoliennes génèrent de l'énergie. Cependant leur poids est inversement proportionnel à leur résistance et leur durabilité. Les ingénieurs ont donc recherché les moyens de concevoir des pales plus légères mais aussi rentables.

L'éolienne Aerogenerator X a été expérimentée en haute mer par l'entreprise britannique Windpower [6]. Sans imiter parfaitement la forme de la samare, elle en adopte le mouvement hélicoïdal.

Elle possède deux bras faisant le signe de la victoire, terminés par des voiles aérodynamiques (Figure 5.3, bas). Sa hauteur est de 100 mètres – environ moitié moins que les plus puissantes éoliennes verticales en cours d'étude – et son envergure d'environ 275 mètres. Son poids étant uniquement concentré à sa base, les pales ne subissent pas la « fatigue » des pales classiques. Lorsqu'elles sont exposées au vent, elles tournent en imitant le mouvement rotor de la chute d'une graine de sycomore à environ trois tours par minute.

Elles fournissent ainsi environ 10 mégawatts, une production trois fois plus élevée que des éoliennes classiques. Une version terrestre, d'une moins grande envergure, est déjà expérimentée.

Samare chrysalide

En 1911, l'armée française commande à deux ingénieurs, Alphonse Papin et Didier Rouilly, un prototype de leur Chrysalide, un aéronef dont ils avaient déposé le brevet [102]. Ce gyroptère, avec sa voile de 17 mètres attachée à un cockpit, reproduisait la forme de la samare de sycomore à l'échelle 100. Un moteur de 80 chevaux insufflait de l'air à 100 mètres/seconde dans la voile afin qu'elle tourne autour du cockpit. Une partie

5.3 En haut : les « ailes » des samares de sycomore (à gauche) permettent d'amortir la chute des graines par leur gracieuse trajectoire hélicoïdale (à droite). © R. Prat/Biologie et Multimédia, Sorbonne université.

En bas : L'Aerogenerator X possède des pales qui tournent en imitant le mouvement rotor de la chute d'une graine de sycomore. Elles fournissent ainsi une production trois fois plus élevée que des éoliennes classiques. © Grimshaw.

de cet air était divertie pour empêcher ce cockpit de tourner en même temps [93].

L'appareil devait être capable de voler tel un avion, de décoller et atterrir verticalement tel un hélicoptère et, en cas de panne moteur, de planer telle une samare. Le premier essai de 1915, retardé par le déclenchement de la guerre, n'avait pas séduit les militaires. Il avait eu lieu sur un lac et l'engin, déstabilisé, avait fini par couler.

Malgré de nouveaux essais poursuivis jusqu'en 1936, Chrysalide ne s'est jamais métamorphosée en papillon…

Deux samares mini-drones

Les moteurs de Chrysalide n'étaient pas assez puissants pour élever l'engin dans les airs. C'est pourquoi d'autres projets se sont concentrés sur des engins beaucoup plus petits et légers.

Dans le cadre d'un programme de la Darpa, des étudiants de l'école d'ingénieur de l'université de Maryland ont conçu Samarai Flyer, la « première samare monocoptère motorisée au monde » [194]. Ce mini-hélicoptère d'environ 30 centimètres décolle et atterrit de façon autonome.

Pendant le vol, un moteur ne fait qu'entretenir la rotation stable de l'aile et un volet sur le bord arrière permet de diriger l'engin à distance. Avec une autonomie de seulement 20 minutes, il peut aussi effectuer des vols planés lors d'une descente ou d'un lancement manuel. Muni d'une caméra, Samarai effectue des missions de surveillance dans n'importe quelle condition, car ce mini-drone peut être très facilement transporté dans le sac-à-dos d'un soldat.

D'autres roboticiens de l'université de Queensland, en Australie, ont plutôt recherché comment réaliser des drones biodégradables, fiables et très peu coûteux pour usage unique, afin d'assurer la surveillance du fléau australien annuel : le feu de brousse. L'un de leurs deux prototypes s'inspire de la graine de sycomore. Polypan, le premier, ressemble plutôt à l'avion de papier que des écoliers turbulents jettent dans les classes. Il est réalisé avec une feuille de cellulose pliée d'environ 20 centimètres de long sur laquelle a été imprimé un circuit électronique permettant de contrôler l'engin. Lancés à partir d'un drone plus important, les Polypan ont un vol préprogrammé et peuvent ainsi détecter des données atmosphériques propices à un départ de feu. Samara, le deuxième prototype de 12 centimètres de long, ressemble vraiment à une samare ailée équipée d'un circuit électronique situé à l'emplacement de la graine [182]. Lâché à une certaine hauteur, il n'est pourvu d'aucun dispositif coûteux d'atterrissage car sa chute hélicoïdale garde l'électronique intacte lorsqu'il arrive à terre. Peu contrôlable, il est simplement chargé de recueillir les données au sol.

Ces deux modèles sont si peu coûteux et si réduits en taille qu'un drone peut en lâcher des douzaines et ainsi fournir des données fiables pendant une quinzaine de jours. Leurs concepteurs souhaitent cependant les rendre parfaitement biodégradables en éliminant les produits chimiques de leurs circuits imprimés. Ils envisagent de les utiliser également dans des environnements dangereux, comme des décharges de terre radioactives ou des zones glacées.

On peut s'interroger sur la distance que peuvent parcourir de tels minidrones incontrôlables. Ce serait méconnaître les résultats d'une expérience réalisée en 2011 par l'entreprise Samsung dans le cadre du Project Space Planes. Cent avions en papier équipés de cartes mémoire ont été lancés en Allemagne par un ballon depuis une hauteur d'environ 38 kilomètres. Les cartes contenaient des messages en plusieurs langues demandant à toute personne trouvant l'un de ces avions de bien vouloir prévenir les responsables du projet. Des rescapés ont été ainsi récupérés partout dans le monde, jusqu'en Afrique et en Australie !

3 Pliages solaires

Quel charme !

Les humains ont commencé à s'exercer à l'art du pliage depuis plus de 3 000 ans, date approximative de la première carte pliée connue au monde.

D'autres animaux et des végétaux s'y sont adonnés bien plus tôt encore, de sorte qu'une chrysalide, un bourgeon ou un bouton déplient une aile, une feuille ou un pétale sans les déchirer (Figure 5.4). Chez les plantes, des hormones[1] sont à la base de ces dépliements délicats, au cours desquels de fragiles et grandes surfaces restent intactes, malgré les tensions inhérentes à cet exercice.

1. Le qualificatif d'*hormone* chez les plantes est réfuté par certains biologistes car elle n'est pas véhiculée par la sève comme les hormones sont véhiculées par le sang des animaux [230]. Ils lui préfèrent le terme de « substance régulatrice ».

5.4 Le « débourrement » d'un bourgeon s'effectue sans dommage grâce aux plis « origami » des futures feuilles.

En 1970, le professeur japonais Koryo Miura, de l'Institut de Science aéronautique et de l'Espace de Tokyo, s'est inspiré des procédés naturels pour étudier mathématiquement comment réaliser des origamis[1] « rigides », dont les parois entre les plis ne se courbent pas pendant le pliage [171].

Une feuille de papier ainsi préparée passe d'une taille minimale à une taille maximale – et réciproquement – en tirant simplement les deux coins opposés, et ce geste peut être fait de nombreuses fois sans que les plis ne subissent le moindre déchirement. Plutôt que de plier classiquement la feuille selon des plis orthogonaux, Miura a inventé un procédé qui s'inspire de la feuille de charme et qui consiste à organiser les plis de façon à ce que les uns forment des angles aigus avec les autres (de 30 à 50 degrés) et que toute action sur l'un retentisse sur tous les autres.

1. Origami, de « *oru* » (plier) et « *kami* » (papier).

Cela assure la résistance des arêtes, la tenue des parois et permet un repliement particulièrement aisé dont tout utilisateur de carte routière peut rêver : son pliage et dépliage s'effectue en effet sans changer l'emplacement des doigts, les uns en haut dans un coin et les autres en bas dans le coin opposé.

De nombreuses réalisations, des plus simples aux plus sophistiquées, ont été brevetées sous le nom de *pliages Miura-ori* par des laboratoires ou entreprises du monde entier.

Ce mode de pliage a, par exemple, été appliqué aux voiles solaires, ces grandes surfaces réfléchissantes poussées naturellement par les photons et qui évitent aux véhicules spatiaux de s'alourdir en emportant trop de carburant [252]. Elles peuvent atteindre 20 mètres d'envergure en étant environ 100 fois plus fines qu'une feuille de papier, ce qui empêche évidemment de les déployer dès le décollage (Figure 5.5). Le satellite japonais Space Flyer Unit en utilise depuis 1995.

De même, les ingénieurs de la Nasa préparent la fabrication de panneaux solaires pliants chargés de fournir de l'énergie à des vaisseaux spatiaux et pouvant être embarqués à bord de fusées. Un prototype utilisant plusieurs types de pliages passe de 2,7 mètres plié à 25 mètres déplié.

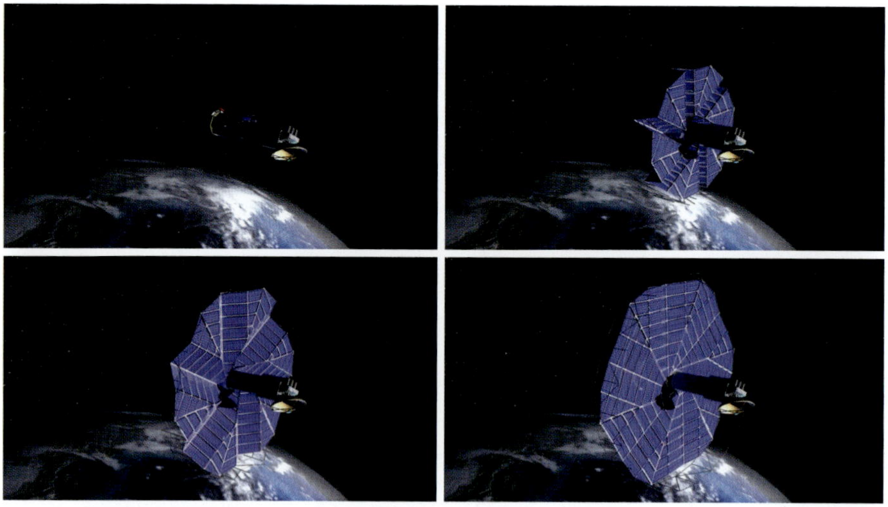

5.5 De gigantesques voiles solaires peuvent se déployer dans l'espace selon le principe origami en évitant tout déchirement. © Department of Mechanical Engineering, Brigham Young University.

Quant au futur télescope Eyeglass, conçu par le Lawrence Livermore National Laboratory de Californie – l'un des plus secrets laboratoires au monde – d'une envergure de 25 à 100 mètres, d'une précision optique atteignant le 1/100e du diamètre d'un cheveu, il est destiné à être placé en orbite géostationnaire [70]. Il se déroulerait comme une fleur sans aucun moteur selon un principe origami adapté de celui de Miura-ori. Un premier prototype de 5 mètres d'envergure a déjà été testé avec succès (Figure 5.6). Il est donc plus de deux fois plus grand que Hubble dont l'envergure est de 2,4 mètres !

Toujours dans le domaine spatial, on notera incidemment que les plis origamis sont aussi utilisés pour expliquer la formation des galaxies ! Un astrophysicien de l'université Johns Hopkins de Baltimore les utilise comme une analogie décrivant la formation de l'Univers. Ainsi, il suppose

5.6 Le prototype Eyeglass a une précision optique atteignant le 1/100e du diamètre d'un cheveu. Il se déploiera en orbite géostationnaire comme une fleur, sans aucun moteur. © Lawrence Livermore National Laboratory.

qu'au moment du Big Bang la matière noire, initialement uniformément répandue, se serait repliée sur elle-même à la façon d'un origami et aurait provoqué la formation de galaxies en certains de ses plis. L'un des intérêts d'une telle analogie est de permettre de comprendre pourquoi des galaxies voisines tournent dans le même sens.

Touch-me-not

Le pliage des dispositifs précédents pourrait être amélioré par l'étude des mouvements du mimosa.

Mimosa pudica – touch-me-not pour les Anglo-Saxons et *Marie-honte* pour les Martiniquais – doit son nom au repli furtif des folioles qui constituent ses feuilles au moindre contact d'une goutte de pluie, d'un courant d'air ou d'une patte de prédateur. La plante replie aussi ses folioles la nuit, ce qui semble la protéger contre les visiteurs nocturnes (Figure 5.7, haut).

Ce type de mouvement est appelé « nastie », en opposition aux mouvements tropiques [28]. En effet, contrairement aux réactions des tournesols qui se « tournent » vers le stimulus – en l'occurrence le soleil – ils sont indépendants de la position du stimulus – lumière, chaleur, contact – qui les déclenche. La réaction du mimosa, en réponse à un stimulus tactile, est dite « thigmonastie ».

À la base de chaque pétiole, de chaque foliole et de chaque foliolule se trouve un renflement gorgé d'eau, le pulvinus. Sur son côté dorsal se trouvent des cellules « fléchisseuses » et sur son côté ventral des cellules « extenseuses » (Figure 5.7, bas). Au moindre contact, des potentiels d'action électriques sont émis et agissent sur ces cellules en un dixième de seconde. L'eau contenue dans les cellules « extenseuses » passe dans les cellules « fléchisseuses ». Le côté dorsal gonfle, ce qui a pour conséquence le repliement des folioles en deux ou quatre secondes. Selon l'amplitude de ce contact, ce mouvement se transmet à d'autres foliolules, d'autres folioles, d'autres feuilles et même à la plante entière, grâce à d'autres pulvinus situés à la base des pétioles [212].

Ces changements de forme, actionnés par différentes zones envahies par un liquide, ont des applications potentielles en ingénierie aérospatiale, automobile et robotique. Des prototypes de membranes ont déjà été conçus, permettant de changer, à la demande, la forme et la rigidité de l'aile d'un avion pendant le vol [80].

5.7 En haut : le mimosa maintient ses foliolules ouvertes (à gauche) mais les replie après un contact ou pendant la nuit (à droite). © W.P.Armstrong 2007.

En bas : à la base de chaque pétiole, de chaque foliole et de chaque foliolule du mimosa, se trouve un renflement appelé pulvinus (en rouge). Au moindre contact, l'eau contenue dans les cellules ventrales du pulvinus passe dans ses cellules dorsales. Cela gonfle le côté dorsal et a pour conséquence le repliement des folioles. © R. Prat/Biologie et Multimédia, Sorbonne Université.

4 De l'air !

Laisse un peu la fenêtre ouverte…

L'un des sujets de conflit les plus aigus entre climato-sceptiques et réchauffistes (antonyme officiel du terme climato-sceptique !) est celui de la responsabilité du CO_2 dans le réchauffement de l'atmosphère terrestre. Ce conflit est encore exacerbé lorsqu'il est assuré que l'augmentation de ce gaz est anthropique, c'est-à-dire due aux activités humaines dans les industries, les transports, le bâtiment et, bien sûr, la production d'énergie.

Malgré le protocole de Tokyo de 1998 et la prise de conscience des conséquences néfastes qu'entraîne le réchauffement de l'atmosphère, il y a eu en 2010 un rejet de dioxyde de carbone d'une ampleur historique : 30,6 milliards de tonnes. En douze ans, il avait augmenté de 40 % !

Depuis la COP21, l'accord historique de Paris de 2016, ce record est battu : 41 milliards de tonnes estimés en 2017 ! Les océans et les plantes à chlorophylle ne peuvent plus absorber ce trop-plein de gaz.

La course est désormais lancée pour trouver des solutions permettant de réduire le taux pléthorique de CO_2 dans l'atmosphère.

L'entrepreneur anglais Richard Branson, créateur de multiples sociétés de marque commune Virgin, a lancé en 2007 le Virgin Earth Challenge (VEC), proposant un prix de 25 millions de dollars « pour quiconque peut démontrer une conception commercialement viable qui entraîne l'élimination permanente des gaz à effet de serre de l'atmosphère terrestre » [237]. De nombreux projets, empruntant des approches diverses, ont été retenus et financés, bien que ne répondant pas entièrement aux exigences souhaitées. C'est pourquoi, à ce jour, le premier prix n'a toujours pas été attribué.

L'une des méthodes consistant à capter le CO_2 directement dans l'atmosphère semble la plus prometteuse, car les usines de traitements pourraient être localisées n'importe où dans le monde : l'entreprise suisse Climeworks, l'une des finalistes du VEC, se propose de stocker le gaz dans le sol et à le revendre aux serres agricoles voisines sous forme d'engrais [46].

L'usine pilote est installée sur le toit de l'incinérateur de la petite commune de Hinwill et utilise la chaleur provenant des déchets comme source d'énergie. Dix-huit ventilateurs géants aspirent l'air ambiant et envoient directement le dioxyde de carbone dans des filtres, agissant comme des éponges. L'air exempt de CO_2 est rejeté dans l'atmosphère. Lorsqu'un filtre est saturé, il est chauffé à environ 100 °C pour être remis à neuf. Une partie du CO_2 ainsi récupéré est stockée sous terre tandis que l'autre est revendue à des industriels ou conduite par pipeline dans les exploitations agricoles voisines – qui peuvent l'utiliser comme fertilisant. En ce sens, le cycle complet de production de l'énergie et de recyclage des déchets s'avère directement inspiré de la nature (Figure 5.8).

Chaque jour, 2 500 kg de gaz sont aspirés, soit l'équivalent du rejet de 200 voitures par an. L'entreprise assure que sa méthode est 1 000 fois plus efficace que la photosynthèse des végétaux et que chacun de ses filtres pourrait capturer 50 tonnes de gaz par an contre 50 kg pour un arbre !

Pourtant, quoiqu'impressionnants, ces nombres restent faibles au regard des volumes de CO_2 rejetés dans le monde. L'un des fondateurs de cette entreprise a même calculé que, pour absorber 1 % des émissions mondiales d'ici 2025, 750 000 usines de ce type auraient déjà dû être mises en route. Le coût d'un tel déploiement serait clairement prohibitif.

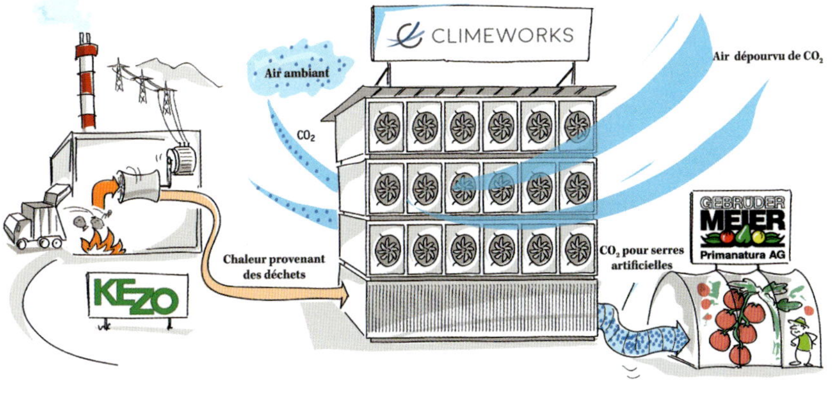

5.8 L'usine de captation de CO_2 Climeworks utilise la chaleur provenant d'un incinérateur comme source d'énergie (à gauche). Des ventilateurs géants aspirent l'air ambiant, envoient directement le dioxyde de carbone dans des filtres et l'air exempt de CO_2 est rejeté dans l'atmosphère (au centre). Une partie du CO_2 peut être conduite par pipeline dans les exploitations agricoles voisines qui peuvent l'utiliser comme fertilisant (à droite). © Climeworks

Poubelles à CO_2

L'arbre sauveur

Un champion – gratuit celui-ci – de la capture et transformation du CO_2 est pourtant déjà présent dans la nature : le noyer maya (*Brosimum alicastrum*), encore appelé noix-pain. Haut d'environ 45 mètres, il produit des fruits très nutritifs, riches en minéraux et vitamines. Mais surtout il fait partie des arbres « oxalogènes », autrement dit capables de transformer le gaz carbonique de l'atmosphère en calcaire stocké dans le sol, grâce à des bactéries et des champignons.

En 2011, l'ONG française Biomimicry Europa a lancé le programme « Arbres Sauveurs », consistant à distribuer des dizaines de milliers de noyers maya à la population de Haïti, frappée par la malnutrition causée par des terres naturellement arides et accablée par le séisme de 2010 qui a détruit les récoltes [23]. En quelques années, les arbres ont rendu les sols plus fertiles et fourni aux habitants une alimentation riche, grâce aux noix transformées en farine. Ils stockent en outre dans le sol environ 21 kg de calcaire par an.

Un chercheur de l'ONG estime à 1 million d'hectares de plantations la surface indispensable pour séquestrer l'équivalent en CO_2 d'une centrale à charbon de taille moyenne – soit l'équivalent de la forêt des Landes ! Sans viser un tel déploiement, d'autres projets de ce type sont en cours en Amérique du Sud, en Australie ou en Inde.

Malheureusement, des études récentes montrent que les rendements espérés de ces plantations sont surestimés et que, si les reboisements envisagés peuvent générer fertilité et nourriture, ils ne peuvent en aucun cas contribuer à une amélioration drastique de l'excès de gaz dans l'atmosphère. Des dispositifs artificiels tentent donc de prendre le relais.

L'Arbre Artificiel

Wallace Broecker, le climatologue américain ayant reçu le prestigieux prix Crafoord – équivalent du Nobel pour des disciplines ne relevant pas de ce prix –, a récemment déclaré que Klaus Lackner, physicien à l'Arizona State University, était « l'un des types les plus intelligents de la planète ».

Son invention, l'Arbre Artificiel, serait susceptible en effet de surpasser les arbres sauveurs car elle serait capable de capturer dans l'atmosphère 1 tonne de CO_2 par jour pour un coût raisonnable [122].

L'arbre en question ne ressemble pas vraiment à un arbre, mais plutôt à un hangar placé sur un toit de l'université de Phoenix. Ce gros cube contient de fins filaments d'une résine spéciale ainsi qu'un réservoir d'eau. Lorsque cette résine est sèche, elle présente une très grande affinité pour le dioxyde de carbone et permet ainsi une collecte du gaz mille fois plus rapide que celle des arbres naturels. Lorsque la résine est immergée dans l'eau, elle libère le carbone, qui peut ensuite être transformé en liquide, stocké ou enterré.

Selon son inventeur, 100 millions de ces arbres artificiels seraient nécessaires pour absorber la quantité de gaz que le monde émet chaque année. À titre de comparaison, rappelons que la forêt amazonienne est composée d'environ 390 milliards d'arbres et qu'en France on plante 80 millions de nouveaux arbres par an[1].

Est-ce par biomimétisme ou par pur esthétisme? Le chercheur envisage de donner bientôt à son dispositif un «look» un peu plus végétal... (Figure 5.9).

5.9 Vue d'artiste du futur dispositif d'«Arbre Artificiel». Ce dispositif contiendrait une résine qui présente une grande affinité pour le dioxyde de carbone et permettrait ainsi une collecte du gaz mille fois plus rapide que celle des arbres naturels, soit 1 tonne de CO_2 par jour, pour un coût raisonnable. © Center for Negative Carbon Emissions, Columbia University.

1. Près de 2300 hectares de forêt amazonienne ont été ravagés par les incendies de juillet 2019. À l'heure où nous écrivons ces lignes, on ignore combien ont disparu depuis... Heureusement, dans le même temps, le gouvernement éthiopien a annoncé avoir planté 353 millions d'arbres en une journée! Le record était précédemment détenu en 2017 par l'Inde avec 66 millions d'arbres plantés en 24 heures.

6 Hippocrate

Depuis la préhistoire, de nombreuses plantes sont connues pour leurs propriétés médicinales. On en retrouve la trace en Chine 5000 ans av. J.-C. De nos jours, plus de 40000 espèces médicinales ont été recensées dans le monde – dont environ 30000 dans la seule Indonésie. Toutefois, leur disparition galopante a été également signalée, à cause des déforestations, incendies ou parasites.

Dans cette partie il sera moins question des bienfaits directs de ces plantes sur le corps humain que de ce que certaines ont inspiré aux ingénieurs et chercheurs pour nous soigner.

1 Protection rapprochée

Les peaux à fourrure, à plume, à écaille, à coquille, à trichomes ou à écorce se sont adaptées pour protéger animaux et plantes contre des environnements hostiles et des prédateurs. Nos ancêtres, de même, ont recouvert leur peau nue avec des feuilles, des écorces, des plumes ou des peaux d'animaux lorsque les conditions climatiques leur étaient défavorables.

Au-delà de leur aptitude à protéger du froid ou du chaud, il se trouve que certains revêtements végétaux se sont également défendus contre les maladies induites par les bactéries et les virus.

Bactérie : lotus ou rose ?

Les bactéries, présentes dans tous les biotopes, sont cependant pour la plupart bénéfiques pour les végétaux ou les animaux. Une peau humaine adulte est protégée des infections par environ dix mille milliards de bactéries, et notre corps accueille environ dix fois plus de bactéries que nous n'avons de cellules : nous sommes donc minoritaires dans notre propre organisme ! Les revêtements végétaux bénéficient également de leur présence par l'apport d'azote ou de nutriments divers qu'elles peuvent fabriquer.

Des intruses pathogènes peuvent néanmoins provoquer des maladies ou la mort. Pour les combattre, les plantes peuvent recourir à des armes chimiques ou à des moyens mécaniques dont les chercheurs se sont inspirés.

La cuticule, fine couche cireuse recouvrant les surfaces des feuilles, des tiges et des fruits, les protège contre l'assèchement, les UV, mais aussi contre

6.1 Les trichomes de deux pétales de roses (a, d) et d'une feuille de lotus (g) à deux agrandissements de microscope électronique (b, c, e, f, h, i). Ceux de la feuille de lotus ne retiennent pas les gouttelettes d'eau, contrairement à ceux des pétales de roses. Ces surfaces ressemblent étonnamment à celles de certains biofilms, agrégats de bactéries. © Laboratory for Processing of Advanced Composites, Ecole Polytechnique Fédérale de Lausanne.

les parasites. Les trichomes, ces petites aspérités à la surface des feuilles, constituent également une barrière efficace contre certains parasites. Bien qu'énergétiquement coûteux à produire, ils sont multipliés en grande quantité quand la plante subit des intrusions ou des attaques.

On a vu précédemment que la surface de la feuille de lotus – de même que celle de beaucoup de plantes super-hydrophobes – comporte des aspérités permettant aux gouttes d'eau, poussières et bactéries de s'écouler sans s'accrocher. Ces aspérités sont elles-mêmes recouvertes de trichomes renforçant l'effet nettoyant. Les pétales de rose sont également recouverts de trichomes mais, contrairement à ceux du lotus, ils accrochent les gouttelettes qui, ne pouvant s'écouler, restent à la surface.

Les propriétés du lotus et de la rose sont étonnamment semblables à celles des biofilms, ces agglomérats de bactéries recouverts d'une matrice adhésive, observés pour la première fois par Antoni van Leeuwenhoek, le découvreur des diatomées. Les biofilms constituent notamment la plaque dentaire et même des dépôts très pathogènes au sein de l'organisme.

Des travaux récents menés à l'université technique de Munich – confortés par l'étude des trichomes de lotus et de rose conduite par des chercheurs de l'École polytechnique fédérale de Lausanne en vue de produire des textures artificielles (EPFL, Figure 6.1) –, ont permis de constater que la surface des biofilms, en fonction des nutriments dont se nourrissent les bactéries, peuvent repousser des liquides à la manière du lotus ou bien les retenir à la manière de la rose. Cela permet aux bactéries de survivre dans des endroits humides ou arides. Cependant ces propriétés les rendent plus ou moins réfractaires aux solutés antibiotiques [241]. La solution serait donc de convertir les surfaces « lotus » de certains biofilms en surface « rose », afin que ces solutés puissent mieux remplir leur office.

Actuellement, les chercheurs étudient activement la façon de transformer ainsi de telles surfaces afin d'améliorer la capture de ces liquides. Cela rendrait plus facile l'éradication de ces biofilms, à la fois dans les organismes et sur les instruments chirurgicaux.

Bactérie ne répond plus !

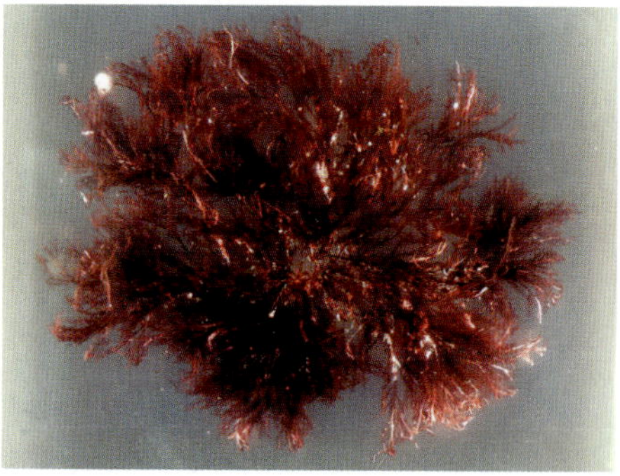

6.2 L'algue rouge *Delisea* possède des protéines qui brouillent les signaux de communication entre les bactéries et les empêchent ainsi de produire des biofilms. © Creative Commons CCO 1.0.

Le lotus se débarrasse des bactéries parasites grâce à ses trichomes. L'algue rouge australienne *Delisea pulchra* a une stratégie un peu plus subtile... elle brouille leurs signaux de communication (Figure 6.2) !

En effet, pour que les bactéries puissent constituer des biofilms et se fixer sur un hôte, elles communiquent entre-elles par l'intermédiaire de protéines et de signaux électriques jusqu'à ce que leur nombre atteigne un seuil critique. Ce processus est appelé *quorum sensing* (évaluation du quorum). À ce stade

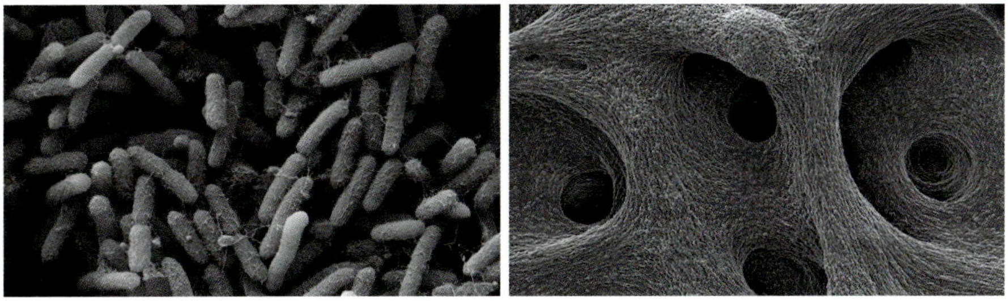

6.3 Des bactéries commencent à sécréter une matrice (à gauche) pour s'agréger en un biofilm (à droite). © S. Chimileski/R. Kolter, Harvard University et © R. Kolter/S. Minsky, Harvard University.

de développement, les bactéries agglomérées commencent à sécréter la matrice visqueuse qui les protège notamment des antibiotiques. Elles échangent aussi d'autres messages sur l'état de leur hôte afin de décider ou non de libérer des toxines (Figure 6.3).

Récemment, des chercheurs de l'université de Nouvelle-Galles du Sud ont découvert que *Delisea pulchra* sécrète certaines protéines, les furanones, spécialement conçues pour brouiller les signaux de communication chimiques entre les bactéries. Celles-ci, rendues littéralement « sourdes et muettes », sont incapables de sécréter la matrice des biofilms et, donc, de parasiter l'algue rouge. Conséquence importante : elles ne peuvent pas, non plus, développer de résistance aux antibiotiques [61].

La connaissance des mécanismes d'action des furanones a permis de concevoir, au sein de l'entreprise australienne Biosignal Ldt., des dentifrices anti-plaques dentaires et des produits à appliquer sur des lentilles de contact, des prothèses ou des instruments médicaux [25]. Plus généralement, ces produits devraient limiter les infections nosocomiales contractées par les patients lors de leur hospitalisation.

Virus hibernatus

L'ennemi des bactéries est l'antibiotique. Les bactéries étant des organismes vivants, les antibiotiques attaquent leur paroi ou entravent la fonction de leurs ADN, c'est-à-dire la synthèse de leurs protéines, ce qui entraîne leur mort.

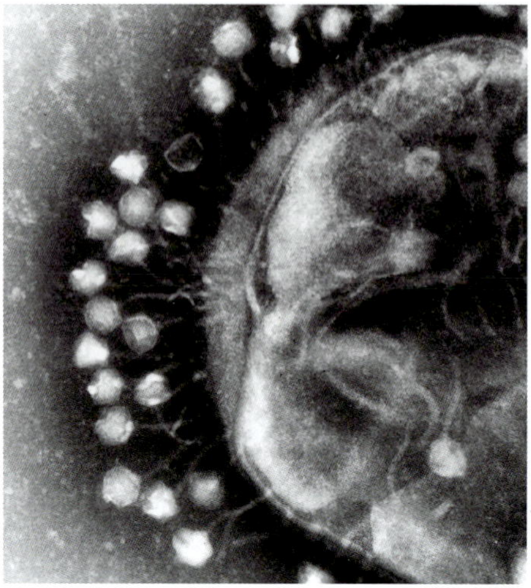

6.4 Les virus sont en moyenne 1 000 fois plus petits que les bactéries. Ici, de multiples virus bactériophages s'apprêtent à infester une bactérie. © Creative Commons Attribution 3.0.

Contrairement aux bactéries, les virus, environ 1 000 fois plus petits, ne sont pas « pleinement » vivants, car ils ont besoin d'une cellule hôte et de sa production de protéines pour se multiplier (Figure 6.4). Les antibiotiques ne peuvent donc rien contre eux. Une des solutions pour les combattre efficacement : les vaccins. Ceux-ci contiennent les mêmes agents pathogènes que les virus et déclenchent la production d'anticorps par notre système immunitaire. Ces anticorps combattent efficacement les virus quand, plus tard, ils leur sont opposés.

Cependant, bactéries et virus ont un ennemi commun : la chaleur. C'est d'ailleurs pour accroître sa défense contre ces agents que notre corps élève sa température durant les épisodes de fièvre. C'est pour cette raison aussi que le transport réfrigéré (entre 2 °C et 8 °C) des vaccins est crucial pour qu'ils soient encore efficaces à l'arrivée. Or, ce traitement coûte plusieurs centaines de millions de dollars par an et pèse sur le prix des vaccins. De plus, la moitié des vaccins produits dans le monde perdent leur efficacité quand la chaîne du froid a été rompue.

Un scientifique de l'entreprise Cambridge Biostability Ldt. a été très intrigué par une plante d'Afrique australe, *Myrothamnus flabellifolia*, présentant la faculté extraordinaire d'entrer en dormance pendant de très longues périodes et de « ressusciter » ensuite [161] (Figure 6.5).

Lorsque les conditions hydriques sont défavorables, la plante se dessèche progressivement et ses feuilles semblent mortes. À la moindre humidité,

6.5 La plante d'Afrique australe *Myrothamnus flabellifolia* peut rester de nombreuses années en dormance (à gauche). Un simple apport d'eau la « ressuscite », ici après 5 heures d'humidification (à droite). © Jill Farrant, University of Cape Town.

elle « revit », sans aucun dommage pour tous ses mécanismes internes et ses feuilles redeviennent vertes. Les cycles dormance-réveil peuvent se reproduire plusieurs fois. C'est pour cela qu'elle est aussi nommée « plante de la résurrection », d'après son nom zoulou *uvukwabafile*, signifiant « se réveille des morts ».

Le secret de *Myrothamnus flabellifolia* réside notamment dans la présence, au sein de ses cellules, de deux sucres, le saccharose (une molécule de glucose et une de fructose) et le tréhalose (deux molécules de glucose, très stables). Lors d'un manque d'humidité, les deux sucres se solidifient et maintiennent fonctionnelle toute la machinerie cellulaire. Lors de la réhydratation, les sucres se décomposent et l'intégrité de tous les composants est recouvrée.

Voilà qui pourrait apporter une solution au transport des vaccins, « endormis » pendant le voyage – donc insensibles à la chaleur –

et « réveillés » lors de leur usage : plus besoin ainsi de dépenser des sommes astronomiques pour leur réfrigération ! Ils pourraient même être conditionnés en cachets ou dispensés petit à petit dans les organismes.

Des chercheurs de Cambridge Biostability Ldt. et de l'université d'Oxford se sont concentrés particulièrement sur le traitement de vaccins peu stables comme ceux du VIH, du paludisme ou de la tuberculose [112]. Ces vaccins sont ainsi mélangés à du saccharose et du tréhalose, puis séchés lentement sur une simple membrane. La mixture se transforme alors en un sirop qui finit par se solidifier sur la membrane emprisonnant la partie active du vaccin, la maintenant endormie, et la protégeant de toute dégradation même à forte température. Un lessivage à l'eau de la membrane réhydrate et « réveille » instantanément le vaccin.

Collaborant avec des entreprises indiennes, danoises et allemandes, les chercheurs ont conçu un traitement à base de pulvérisation pouvant conserver certains virus à 45 °C pendant dix mois. Ces vaccins traités ne sont pas encore commercialisés, mais des essais cliniques sont en cours, expérimentant notamment leurs modes d'administration, oral, nasal ou cutané.

2 Aux petits soins

Panser à tout

Compresse marine

La fibre Alchite est déjà désignée comme le pansement du futur ! Les chercheurs du Center for Materials Research de l'université de Bolton ont été les premiers à réussir à créer cette fibre, combinant des extraits d'une algue brune – par exemple *Macrocystis pytifera* – et de la carapace d'un crabe [159].

La vertu curative de l'alginate contenue dans la plante est connue depuis des milliers d'années. Cette substance est capable d'absorber l'eau, mais surtout le plasma d'un sang hémorragique, grâce à un échange d'ions à la surface de la plaie. Elle peut ainsi sécher rapidement une zone blessée.

Dans la Chine ancienne, les guerriers connaissaient déjà le chitosane, une substance antibactérienne, antivirale et antifongique contenue notamment dans les carapaces des crabes. Ils écrasaient ces dernières sur leurs blessures, ce qui a été parfois pris à tort comme un camouflage contre l'ennemi.

Les pansements à fibres Alchite ne possèdent aucune des propriétés physiques et mécaniques de leurs modèles végétal et animal, mais leurs propriétés chimiques sont préservées, permettant de réduire considérablement le temps de guérison des plaies. Mis en vente, ces pansements représenteraient un marché de près de 330 millions d'euros.

« The little yellowish matter »

Nous avons évoqué plus haut comment le pouvoir couvrant du lierre a inspiré la production de cellules solaires. C'est la subtile tactique d'accroche de ce végétal qui est envisagée ici.

Cette plante développe tout d'abord au hasard, le long de sa tige, de multiples racines de fixation. Dès que celles-ci rencontrent un support, elles s'élargissent afin d'augmenter leur surface de contact. Puis elles durcissent et grossissent, ce qui les ancre solidement dans toute anfractuosité. Une fois fixées, des racines voisines sécrètent un produit qui les colle puissamment entre elles. Enfin, de minuscules poils à leur extrémité se vrillent, s'assèchent, et renforcent ainsi leur fixation.

C'est ainsi qu'un lierre, même mort, étreint toujours aussi fermement son support et résiste aux plus forts des ouragans et aux plus violentes des tornades.

En 1876, Charles Darwin a été le premier à mentionner « *the little yellowish matter* », le produit adhésif que le lierre anglais (*Hedera helix*) sécrète, mais n'a pas réussi à en comprendre le fonctionnement [55].

Très récemment, des chercheurs de l'université de l'Ohio ont révélé la véritable composition de cette glue, constituée de nanobilles d'environ 70 nanomètres de diamètre, soit 1 million de fois plus fines qu'un cheveu humain [104, 251]. Elles sont constituées de protéines particulières – les arabinogalactanes – enrobées de polysaccharides. Avec l'aide des autres substances présentes dans la glue, notamment le calcium, elles se lient entre elles et recouvrent la surface du support, tout en s'incrustant dans ses plus fins interstices en y contractant de très fortes liaisons chimiques.

Les scientifiques affirment que cet adhésif est l'un des plus puissants de la nature et que le lierre pourrait supporter environ 2 millions de fois son propre poids. Cependant il n'adhère pas à certains supports, comme le verre ou le métal.

En intégrant des arabinogalactanes dans des nanoparticules de calcium et de pectine, les chercheurs ont déjà réalisé une colle très efficace, entièrement biodégradable et auto-immune. Ce produit intéresse à l'évidence les fabricants de bio-adhésifs qui pourront aider à la cicatrisation des plaies externes ou des lésions internes affectant divers organes. Des applications militaires concernant le renforcement des équipements sont aussi envisagées.

Parallèlement, la connaissance de la composition de cette colle unique ouvre aussi des pistes pour qui voudrait se débarrasser de l'étreinte de cette plante parfois envahissante…

De la forêt au fémur

La *start-up* italienne GreenBone Ortho Srl, créée par des chercheurs de l'Institut de la Science et de la Technologie de la Céramique de Faenza, a développé un curieux implant, particulièrement adapté aux lésions osseuses de plus de 3 centimètres, dues aux accidents, à l'ostéoporose, au cancer ou à des maladies dégénératives [87].

Pour effectuer des remplacements osseux, les solutions thérapeutiques actuellement privilégiées sont la transplantation d'os provenant d'une autre partie du corps ou l'ajout d'implants artificiels, en céramique ou en métal, empêchant cependant la régénération de l'os blessé.

L'implant bio-inspiré Greenbone est dérivé du rotin *Calamus rotang*. Ce végétal, robuste mais souple, présente notamment des canaux de transport de la sève comparable aux vaisseaux irriguant les os. Un traitement à base de calcium et de phosphate, inspiré de celui de la céramique, et éliminant la cellulose, la lignine et d'autres matières, produit un squelette de rotin. Contrairement aux implants classiques, celui-ci permet à l'os, au fil du temps, de se développer !

Des essais cliniques sur des ovins et sur quelques patients humains ayant été concluants, la mise sur le marché de cet implant botanique, biocompatible et peu onéreux, est prévue pour un futur très proche. Il est non seulement source d'un formidable espoir pour les malades mais aussi de revenus non négligeables pour les pays fournisseurs de ce végétal…

Livrés à domicile

Pipettes hépatiques

C'est tout à fait par hasard qu'un professeur du département de Physique de Shiga au Japon a vu la photo de l'hépatique des fontaines (*Marchantia polymorpha*) en pleine action : elle était en train d'attraper une grosse goutte d'eau. C'est alors qu'il s'est empressé de confier l'étude de la plante à l'un de

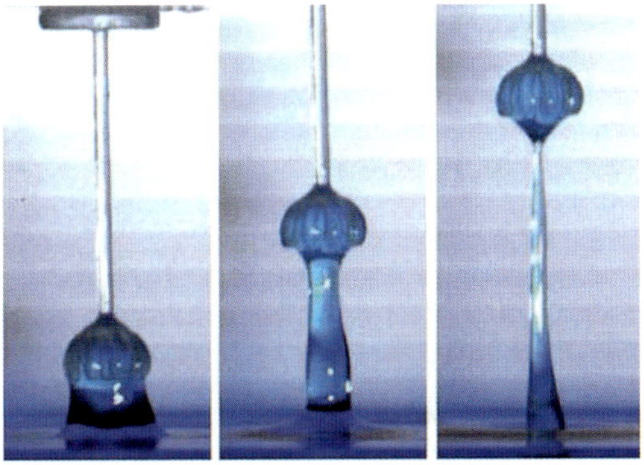

6.6 En haut : Les organes sexuels de l'hépatique des fontaines *Marchantia polymorpha* : un organe mâle (a) ; des organes femelles, ressemblant à de petits palmiers (de (b) à (d)). Des modèles artificiels de pipette s'inspirant d'un organe femelle (de (e) à (g)). En bas : La pipette artificielle en action. Elle peut capturer une goutte de liquide sans bulle d'air et sans aspiration. © Department of Physics, Ritsumeikan University.

ses étudiants de maîtrise, dont le sujet de recherche portait sur la capillarité, en vue de réaliser une pipette bio-inspirée.

Cette hépatique est une mousse d'une espèce « dioécieuse », ce qui veut dire qu'elle comprend deux catégories d'individus, les uns présentant des organes sexuels mâles, les autres des organes femelles (Figure 6.6, haut). L'organe mâle ressemble à un parapluie, l'organe femelle à un palmier de neuf à dix palmes. Lorsqu'une goutte d'eau tombe sur un organe mâle, du sperme y est immédiatement répandu. Lorsque cette goutte est ensuite captée par un organe femelle, ses « palmes » l'emprisonnent et cela provoque la fertilisation des gamètes présents à cet endroit.

Après avoir élucidé les mécanismes de physique des fluides caractérisant cette plante, l'étudiant a conçu, au moyen d'une imprimante 3D, une pipette en résine présentant un réceptacle semi-sphérique analogue à la structure en mini-palmier de son modèle [168], (Figure 6.6, bas). Une telle pipette s'avère ainsi capable de capturer une goutte de liquide sans bulle d'air et sans aspiration. Ce pipetage passif est très simple, car il résulte uniquement de la déformation des mini-palmes, due aux forces engendrées par le contact avec le liquide.

Des modèles capturant de l'eau ultra-pure, de l'eau du robinet, de l'éthanol et de l'huile d'olive ont été testés avec succès. Ces pipettes pourraient ainsi constituer une ressource peu coûteuse pour des établissements scientifiques, des petites cliniques et, plus généralement, pour des pays en développement.

Népenthès, le retour

Nous avons vu précédemment que la zone glissante de la plante carnivore népenthès avait inspiré la conception du produit SLIPS, dont la propriété remarquable est la « polyphobie ». Il repousse en effet des liquides inorganiques comme l'eau, l'huile, l'encre, le pétrole ou des liquides organiques tels que le lait, le blanc d'œuf, le sang, et aussi les bactéries. Une application médicale exploitant cette propriété a été récemment développée.

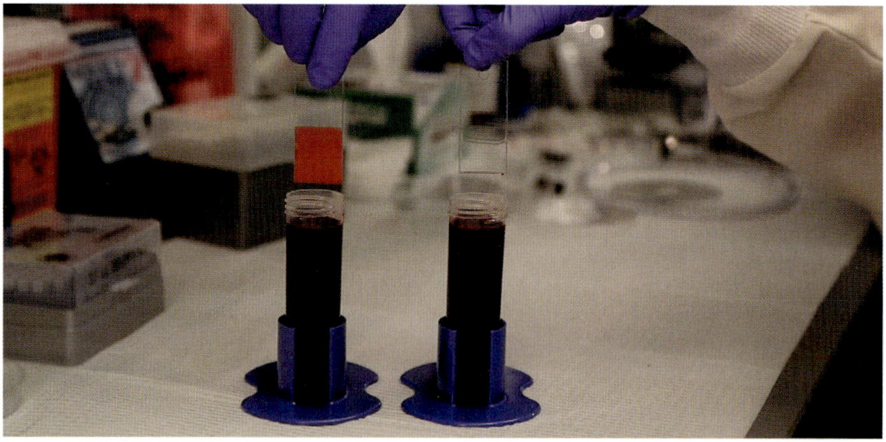

6.7 Après immersion, le sang adhère à la lame de gauche, non traitée, alors qu'il coule totalement sur celle de droite, traitée par le produit SLIPS. © Donald Ingber, Wyss Institute at Harvard University.

Lors d'un « remue-méninges » – selon leurs propres termes – avec les ingénieurs de l'université de Harvard, les chercheurs de l'Institut Wyss, financés par la Darpa, ont adapté la composition chimique de SLIPS à leurs appareils médicaux et ont traité des tuyaux, des cathéters ou des valves mécaniques utilisés pour des implants cardiaques [125]. Véhiculant du sang, ceux-ci peuvent être encombrés par des caillots ou transporter des bactéries infectieuses. Des tests préliminaires révèlent que les instruments ainsi enduits ne présentent aucun caillot de sang pendant huit heures (Figure 6.7). En outre, leurs surfaces bénéficient d'une diminution notable des biofilms bactériens. De quoi prévenir significativement le nombre de thromboses ou de saignements excessifs dus à l'emploi d'anticoagulants.

Piège de Vénus

En découvrant en 1760 la dionée (*Dionaea muscipula*), dite aussi Vénus gobe-mouche (*Venus fly-trap*), Arthur Dobbs, gouverneur colonial de Caroline du Sud, la qualifia de « grande merveille du royaume des plantes ». En 1897, dans son livre sur les plantes insectivores, Charles Darwin renchérit en disant d'elle qu'elle est l'une des plantes « les plus merveilleuses du monde » [54].

Comme toutes les plantes carnivores, elle recherche chez les animaux des nutriments énergétiques qui manquent à son milieu.

Le piège au repos apparaît comme une mâchoire grande ouverte constituée d'une feuille présentant deux lobes garnis de dents à leur périphérie. Sur la surface interne de chaque lobe se trouvent des milliers de glandes digestives et de trois à cinq poils sensitifs rigides (Figure 6.8). La mâchoire se referme sur une proie lorsque la forme des lobes passe de convexe à concave. Cela se produit lorsque deux contacts ont été perçus par les poils – que ces contacts aient eu lieu sur le même poil ou sur deux poils différents, du moment qu'ils ont été espacés de moins de 20 secondes.

Ces deux stimulations provoquent une première fermeture rapide qui ne fait que retenir la proie. En l'absence de stimulations supplémentaires, la mâchoire se relâche. Trois autres stimulations sont en effet nécessaires pour reconnaître la proie comme étant comestible. Une deuxième fermeture, plus lente mais bien étanche, s'effectue alors [26]. Cela évite la plupart des déclenchements intempestifs du piège, coûteux pour la plante, qui pourraient survenir en cas de contact avec autre chose qu'une proie vivante.

La phase de digestion dure quelques jours, après lesquels la feuille déplie à nouveau ses deux lobes.

6.8 La dionée a des lobes convexes lorsqu'ils sont ouverts, qui deviennent concaves lorsqu'ils sont fermés. Lorsque deux des poils sensitifs rigides situés à l'intérieur sont stimulés à moins de 20 secondes d'écart, les lobes commencent à se refermer. C'est après cinq simulations que le piège devient étanche. © Creative Commons Attribution 2.5.

Le fait que la plante distingue deux et cinq stimulations a même conduit certains chercheurs à suggérer qu'elle aurait une intelligence numérative semblable à celle d'un nourrisson de 18 mois !

Près de 260 ans après sa découverte, des biophysiciens de l'École polytechnique universitaire de Marseille pensent avoir compris le fonctionnement du piège de la dionée [48]. Une première théorie évoquait un changement produit par des protéines aquaporines, provoquant un transport d'eau dans la nervure médiane de la feuille. Cependant ce mouvement est trop lent pour expliquer la première fermeture et serait plus approprié pour expliquer la seconde.

Ayant constaté une forte pression d'eau à l'intérieur de la feuille[1], les chercheurs attribuent plutôt la modification instantanée des lobes convexes en lobes concaves à un mécanisme nommé « instabilité de flambage élas-

1. La pression osmotique est 100 fois plus grande dans les cellules végétales que dans les cellules animales et confère aux parois cellulaires végétales leur rigidité.

tique». Ce changement serait dû à des mouvements ioniques déclenchés par la stimulation d'au moins deux poils. Il s'agit encore là d'hypothèses et le mystère de la Vénus gobe-mouche n'est pas tout à fait élucidé.

Ces travaux sont cependant très suivis car ils pourraient ouvrir des pistes pour l'administration automatique de médicaments ou de vaccins par des «coques bistables». Celles-ci pourraient libérer précisément leur contenu au contact d'une cellule ou d'un organe approprié [92].

Origamis, le retour

Les pliages origamis, inspirés notamment des bourgeons, boutons ou chrysalides pour déplier feuilles, pétales ou ailes, ont trouvé des applications dans beaucoup de domaines – comme il a été vu précédemment dans le domaine spatial – et le domaine médical n'y a pas échappé.

Pince épanouie

Des ingénieurs en génie mécanique de l'université Brigham Young (Utah), en collaboration avec l'entreprise Intuitive Surgical et la Nasa, ont appliqué les principes de l'origami à l'ingénierie chirurgicale. L'idée est de fabriquer de minuscules instruments permettant de pratiquer des incisions si petites qu'aucun point de suture ne serait nécessaire. Or, les articulations de ces instruments sont arrivées à une taille limite, encore trop importante à leur goût. Un déploiement de leur extrémité «façon origami», donc sans articulation, serait la solution à ce problème [108].

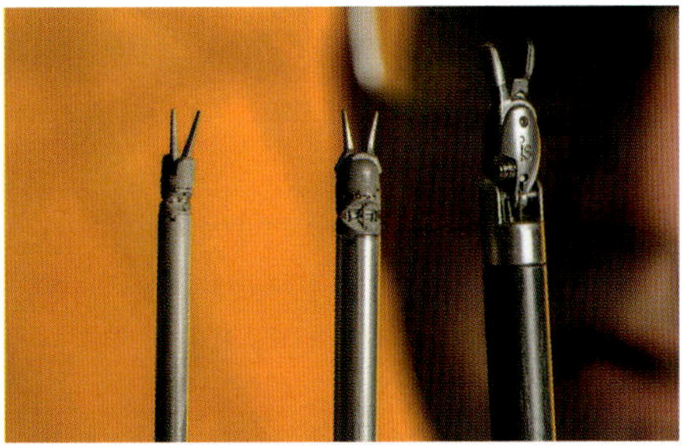

6.9 Le déploiement origami sans articulation des deux pinces (à gauche et au centre) permet leur miniaturisation, comparativement à une pince classique (à droite), possédant une articulation importante. © Brigham Young University.

Dans ce but, les ingénieurs ont élaboré avec une imprimante 3D une pince à commande robotique pouvant se faufiler à plat dans une fente d'environ 3 mm, puis se déplier comme une fleur pour effectuer son travail (Figure 6.9). Ce type d'instrument origami équipe maintenant les robots chirurgicaux Da Vinci, démultipliant ainsi la précision des gestes du praticien opérant.

D'autres études, comme celles conduites par des scientifiques

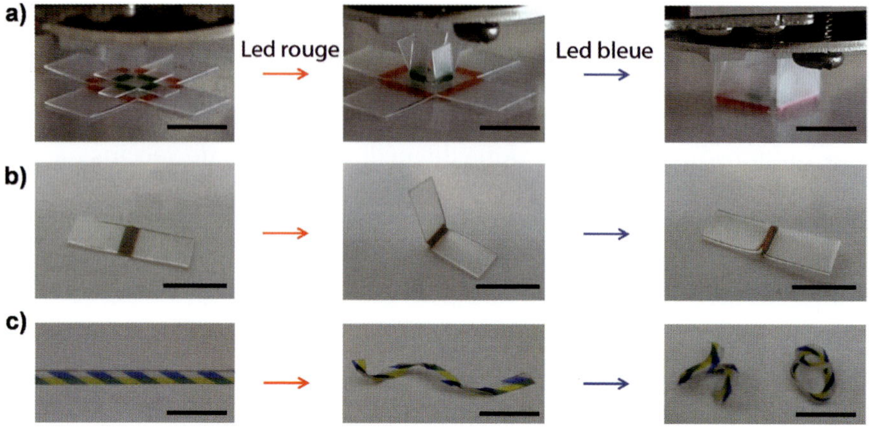

6.10 Exemples de pliages provoqués par des lumières colorées. (a) La boîte à charnière verte se ferme avec une led rouge, puis la boîte à charnière orange se ferme avec une led bleue. (b) Cette bande se plie et se déplie consécutivement grâce à la charnière verte, sous l'action d'une led rouge, et grâce à la charnière orange, sous l'action d'une led bleue. (c) Une bande avec motif permet des pliages plus complexes. © Department of Chemical and Biomolecular Engineering, North Carolina State University.

de l'université de Caroline du Nord, visent même à plier les instruments, non pas par des mouvements mécaniques, mais par exposition à des lumières colorées [130]. Leur solution consiste à imprimer en différentes couleurs des « charnières » situées sur une même surface. Elles se plieront alors séquentiellement en fonction de la longueur d'onde de la lumière par laquelle elles seront éclairées (Figure 6.10).

Disque déplié

L'équipe de l'université Brigham Young, toujours en collaboration avec Intuitive Surgical, travaille aussi sur une approche étonnante, consistant à remplacer des tissus organiques par des dispositifs artificiels en origami.

Les disques intervertébraux agissent comme des amortisseurs pour la colonne vertébrale. En s'usant, ils sont causes de nombreuses pathologies, comme les hernies discales. Or, leur remplacement par des prothèses est très délicat et peut entraîner des risques vasculaires.

Les chercheurs ont produit le prototype D-Core, constitué de polycarbonate, de polypropylène et de verre [169]. Initialement plat, il peut ainsi être inséré entre deux vertèbres, où il peut ensuite se déplier de façon à présenter deux surfaces convexes occupant exactement l'espace disponible.

Même sur Mars !

« N'importe où : un médicament contre le paludisme dans la jungle ou du paracétamol sur Mars ! ».

C'est ainsi que les ingénieurs chimistes de l'université de Technologie d'Eindhoven en Hollande ont annoncé que leur mini-usine inspirée d'une feuille pouvait désormais produire des médicaments, de façon durable et bon marché, absolument partout – ou presque ! – dans notre galaxie [73].

Cette feuille-usine en silicone a pour objectif de capter la lumière du soleil, indispensable pour déclencher les réactions chimiques intervenant dans la constitution de médicaments (Figure d'ouverture du chapitre). Dans les dispositifs classiques, une trop faible quantité de lumière rend ces réactions impossibles. Les chercheurs ont réussi à surmonter ce défaut en s'inspirant des plantes à chlorophylle. Celles-ci captent la lumière par les chloroplastes situés dans les cellules de leurs feuilles.

La feuille-usine, elle, utilise des produits nouveaux ayant une fonction similaire : des colorants fluorescents absorbant les photons solaires. Dans sa structure en silicone se trouvent des mini-canaux, ses « nervures », dans lesquels les liquides à traiter sont pompés et soumis aux réactions chimiques souhaitées. Les produits finalisés s'écoulent à l'extrémité de ces nervures.

Avec un régulateur, les ingénieurs ont réussi à maintenir une production stable, indépendamment de variations de lumière, de nébulosité, quelle que soit l'heure de la journée. En effet, si l'intensité lumineuse est trop forte, des sous-produits indésirables peuvent être obtenus, si l'intensité est trop faible, les réactions ne se produisent pas ou trop lentement. Un capteur mesure donc en entrée la quantité de lumière disponible et un microcontrôleur adapte en conséquence la vitesse de pompage des liquides.

À la lumière naturelle, ils ont maintenu une production stable pendant une heure avec un rendement de 90 %, le régulateur l'ayant augmentée d'environ 20 %. Par temps couvert, ils obtiennent une production de 40 %, bien plus importante qu'avec des dispositifs classiques en laboratoire.

Enfin et surtout, non seulement le dispositif coûte une somme dérisoire (moins de 50 euros), mais les inventeurs ont fait le choix de ne pas le breveter, afin qu'il puisse être librement utilisé dans les pays pauvres ou sans électricité !

7
Les lumières de la ville

En 2050, selon les Nations unies, 70 % des humains vivront dans des métropoles. Or, jusqu'à présent, les constructions urbaines modernes ont fait fi de l'environnement. Ayant repoussé la nature hors les murs, elles ont ainsi livré les populations aux pollutions et aux catastrophes climatiques.

Depuis quelques années, la prise de conscience des conséquences de cette situation néfaste a entraîné un engouement certain pour les végétaux dans les domaines de l'architecture et de l'urbanisme. Comme l'ont remarqué en effet un chercheur en biologie végétale et un architecte français : « Nous avons constaté qu'un habitat et une plante présentent plusieurs points communs : ils sont tous les deux immobiles, leur fonctionnement nécessite de la lumière naturelle, ils ont besoin d'eau et sont soumis aux contraintes climatiques extérieures (vent, chaleur, froid, etc.). Le parallèle entre plantes et bâtiments nous a paru particulièrement fécond et prometteur pour l'architecture. »

Pour l'essentiel, cet engouement se concrétise en trois types de démarches [43, 89, 99, 117, 158].

La première se contente d'imiter la forme des feuilles, des fleurs, des fruits ou des arbres, pour des raisons esthétiques ou symboliques. Les constructions correspondantes sont dites « métaphoriques » ou « *biomorphiques* ». Ce dernier terme, inventé par l'écrivain et naturaliste anglais Geoffrey Grigson, s'applique notamment à l'Art Nouveau sous toutes ses formes [88].

La deuxième emprunte aux plantes leurs astuces de structure ou de comportement. Elle donne lieu à des constructions dites « *bioniques* », relevant de la « Bau Bionik » prônée par le zoologiste Werner Nachtigall, l'un des pionniers du biomimétisme [164, 165], et par le professeur à l'université de Fribourg Thomas Speck.

La troisième vise à mêler étroitement plantes et habitations afin de plonger la ville dans l'écosystème environnant. Les constructions correspondantes sont dites « *botaniques* », relevant de la « BauBotanik » prônée par l'architecte allemand Ferdinand Ludwig [137]. L'architecture « organique » de l'architecte américain Frank Lloyd Wright, ainsi que les cités « Archiborescentes » et les « Archibiotiques » des architectes belges Luc Schuiten et Vincent Callebaut émargent également à cette vision.

Quelques exemples emblématiques de chacune de ces démarches sont évoqués dans les paragraphes suivants, qu'ils aient été déjà réalisés ou qu'ils soient encore en projet, en quelque endroit que ce soit dans le monde.

1 Les « biomorphiques »

Les historiques

Déjà, plus de 1 000 ans avant J.-C., les fûts et les chapiteaux des colonnes papyriformes, lotiformes et palmiformes des temples égyptiens prenaient pour modèles papyrus, lotus et palmiers, car ils symbolisaient la croissance végétale, du marécage primitif jusqu'au ciel.

La cathédrale des pauvres

L'architecte et artiste catalan Antoni Plàcid Guillem Gaudí i Cornet (*gaudi* signifiant « réjouis-toi ») est un prestigieux élève de la nature [189]. Il s'en est inspiré pour créer de nombreux meubles, objets d'art et édifices. En 1878, le directeur de l'École d'Architecture de Barcelone annonça, lors de la remise du diplôme à cet élève particulièrement doué : « Nous avons accordé le diplôme à un fou ou à un génie. Le temps nous le dira ». Le temps n'a pas tranché, c'était en vérité un fou génial !

Adepte de l'Art Nouveau, dans la tendance catalane dite « moderniste », il privilégie les formes de la nature, sans lignes trop droites et sans géométrie rigide. L'une de ses œuvres maîtresses est l'étonnant Temple Expiatori de la Sagrada Família de Barcelone – populairement nommé « Cathédrale des pauvres » – commencé en 1884 et dont la date d'achèvement est programmée en 2026.

Pour Gaudi, l'inspiration de cette cathédrale devait nécessairement être végétale : « Que l'intérieur de l'église soit comme une immense forêt, que la décoration des voûtes soit faite de feuilles, que les piliers de la grande nef soient des palmiers, arbres de la gloire, du sacrifice et du martyre, que ceux des nefs latérales soient des lauriers arbres de la gloire et de l'intelligence », déclarait-il (Figure 7.1).

À la mort du maître, renversé par un tramway en 1926, le temple est loin d'être terminé. « On devrait confier l'achèvement du temple aux chauffeurs de tramway à titre expiatoire ! » s'exclama le peintre catalan Salvador Dali. La punition aurait été rude pour ces chauffeurs, car la plupart des plans

7.1 Les colonnes « arbres » de la Sagrada Familia d'Antoni Gaudi : « Que l'intérieur de l'église soit comme une immense forêt ! ». © Creative Commons Attribution 3.0.

originaux de Gaudi ont brûlé pendant la guerre civile de 1936. Malgré cela la construction continue de nos jours, d'autant plus sereinement que son permis de construire vient enfin d'être accordé, après 137 ans d'illégalité…

L'inventivité de l'œuvre de Gaudi reste encore à ce jour inégalée. Elle fut pourtant très décriée en son temps, suscitant notamment une critique acerbe de l'écrivain George Orwell qui, de passage à Barcelone vers 1936, se désola que les anarchistes n'eussent pas saisi l'occasion de la guerre civile pour brûler l'ensemble de ses créations !

Contrairement à la légende, le Suisse Charles-Édouard Jeanneret-Gris, de son nom d'architecte Le Corbusier (néologisme issu de Lecorbésier, nom de sa branche maternelle, et de *corbu*, nom indien du corbeau), était un grand admirateur d'Antoni Gaudi : « Ce que j'ai vu à Barcelone était l'œuvre d'un homme d'une force, d'une foi et d'une aptitude extraordinaire […] Seuls restent et dureront ceux qui touchent les cœurs sensibles des hommes ».

Cependant l'inspiration de cet architecte suisse a suivi d'autres voies, celles de la pureté des formes et des proportions, celles qui s'associent à la nouvelle tendance moderne des années 1920, l'Art-Déco. Influencé cependant par la nature, Le Corbusier prône le mariage entre formes naturelles et rigueur géométrique. Les proportions issues d'un certain « nombre d'or » l'intéressent particulièrement...

Le « nombre d'or »

Léonard de Pise, dit Fibonacci (fils de Bonaccio), mathématicien et commerçant italien du XIIIe siècle, a étudié une suite de nombres – qui porte désormais son nom – dans laquelle chaque terme est la somme des deux termes précédents. À l'origine, ce calcul était censé déterminer combien de lapins pouvaient être produits en une année par un couple initial. Commençant par les nombres 0 et 1, cette suite donne : 0, 1, 1, 2, 3, 5, 8, 13, 21, 34, etc.

Une des particularités de cette suite est que les rapports de deux termes consécutifs (3/2, 5/3, 8/5, etc.) convergent tous vers un nombre valant exactement $(1+\sqrt{5})/2$, soit 1,61803398... suivi d'une infinité d'autres décimales.

Ce n'est qu'en 1931 que le prince roumain Matila Ghyka, consacrant plusieurs ouvrages à ce nombre, le nomma « nombre d'or » [84]. Il soutenait notamment qu'il renfermait le secret fondamental de l'Univers[1] ! Au XXe siècle l'écrivain Theodore Cook le nomma ϕ (phi), en l'honneur du sculpteur grec Phidias, qui aurait sculpté la statue d'Athena du Parthénon suivant ces proportions. Mais rares sont les écrits qui ont conservé cette appellation et « nombre d'or » fait florès.

Ainsi peuvent être définies des figures géométriques répondant à des proportions spécifiques, telles qu'un rectangle d'or – dont le rapport longueur sur largeur est égal au nombre d'or –, un triangle d'or isocèle – dont le rapport d'un grand côté sur le petit est égal au nombre d'or –, un angle d'or – divisant la circonférence d'un cercle en deux sections dont les longueurs sont dans un rapport égal au nombre d'or, etc.

En étudiant la « phyllotaxie », c'est-à-dire l'arrangement de tout élément végétal – feuille, pétale, écaille, etc. – le long d'une tige, on a cru reconnaître des liens avec ces proportions. Par exemple, les nombres des spirales formées par les écailles d'un ananas ou d'une pomme de pin, par les capitules

1. Alors que chacun sait qu'il s'agit du nombre 42 ! (voir *H2G2, le guide du voyageur galactique* de Douglas Adams, Folio SF, 2005, paru en anglais en 1979).

dans le cœur d'une marguerite ou d'un tournesol, appartiennent à la suite de Fibonacci. De même, certaines dispositions des feuilles sur un rameau ou des pétales sur une fleur formeraient un angle de divergence équivalent à l'angle d'or.

Les causes de ces arrangements ne sont pas complètement élucidées, malgré des avancées récentes, mettant en jeu des signaux chimiques, mécaniques – et un peu de hasard –, réalisées par des équipes pluridisciplinaires internationales. Il est néanmoins démontré qu'une telle organisation permet de maximiser l'exposition à la lumière de ces éléments végétaux, donc de maximiser leur production d'énergie.

Les « divines proportions » relatives au nombre d'or – nommées ainsi par le moine géomètre Luca Pacioli, contemporain de Léonard de Vinci –, sont connues depuis longtemps et auraient été prises en compte dans la construction de certains édifices, comme le grand autel de Zeus à Pergame.

Dans plusieurs de ses œuvres, Le Corbusier a introduit ces proportions, que ce soit dans leur aspect extérieur – pour la Cité Radieuse de Marseille notamment – ou dans leur organisation intérieure, s'agissant par exemple de l'agencement des vitrages parfois colorés de la chapelle de Ronchamp – dont la forme, par ailleurs, lui a été inspirée par une carapace de crabe [30]. Il a même élaboré un outil, le Modulor, permettant de calculer des dimensions idéalement adaptées à l'Homme, comme celles de pièces d'habitation ou de mobilier.

Plus récemment, une centrale solaire thermique a pris comme modèle l'organisation spiralée des capitules des tournesols afin d'optimiser la disposition de ses miroirs. De même, l'agence française In Situ Architecture, en collaboration avec le laboratoire Reproduction et Développement des Plantes du CNRS et l'Institut Nobatek, développe des bâtiments dont l'orientation est calculée selon des principes phyllotaxiques garantissant à tous un ensoleillement maximum.

Symboliques et esthétiques

Plus généralement, de nombreux monuments dans le monde sont inspirés par la végétation – fleurs, fruits ou arbres – des pays dans lesquels ils ont été bâtis.

Un palace cinq étoiles, des appartements et des bureaux occupent les 200 étages de la Tour Burj Khalifa à Dubaï. Ses 828 mètres de hauteur – qui la rendent visible à 95 km à la ronde – lui valent en 2009 le titre de tour la plus élevée du monde [31]. Pour la forme trilobée de sa base, son concep-

7.2 La section de la tour Burj Khalifa de Dubaï (à droite) s'inspire de la fleur locale *Hymenocallis* (à gauche). © Creative Commons CCO et SOM and Hyler Consulting.

teur s'est délibérément inspiré du lys du désert, l'*Hymenocallis*, fleur uniquement cultivée à Dubaï et en Inde. Cette forme en Y a l'avantage de réduire l'impact du vent sur les différents étages (Figure 7.2).

Surnommé le Taj Mahal du XXe siècle, le majestueux Temple du Lotus d'un faubourg de Delhi est dédié au bahaïsme, une philosophie consacrée à la méditation [136]. À l'image du Lotus, ses 27 pétales de marbre, répartis sur 9 côtés, exhortent toute l'humanité à l'unité spirituelle (Figure 7.3).

Le musée des Arts et des Sciences de Singapour présente, comme une main de bienvenue (« The Welcome Hand of Singapore »), dix pétales de cette même fleur de lotus [11]. Ces pétales récupèrent l'eau de pluie et la recyclent pour les besoins quotidiens.

Le Lotus Building, émergeant d'un lac au cœur de Wujin en Chine, rivalise de beauté avec les précédentes constructions [135], (Figure d'ouverture du chapitre). Il contient des bureaux municipaux, des salles d'exposition et de conférences. Ce complexe illustre les trois étapes du développement de

7.3 Les 27 pétales de marbre du Temple du Lotus de Bahapur exhortent toute l'humanité à l'unité spirituelle. © Free Art License.

la fleur de lotus, du jeune bourgeon jusqu'à la fleur épanouie et sa cosse de graines, en passant par la fleur entrouverte.

Bien plus modeste, la cabane Embryo Treehouse d'un designer anglais se présente comme une « loupe », excroissance naturelle d'un tronc d'arbre [66]. Les quatre futurs occupants pourront bénéficier de deux étages qui s'enroulent autour d'un vrai tronc. Cette protubérance est censée renvoyer les urbains aux premiers stades de développement de la nature et les « reconnecter » aux éléments naturels.

Le pavillon Perspectives, un abri pour randonneurs dans les parcs de Surrey Hills, au Sud de l'Angleterre, ne fait que copier les écailles des pommes de pin sans en adopter « l'effet bilame » [177]. L'arrière du bâtiment est tapissé de tuiles de cèdre qui le protègent des intempéries et des intrusions visuelles, alors que les tuiles de la façade avant sont agencées de façon à laisser largement pénétrer la lumière et permettre aux occupants d'admirer le paysage environnant (Figure 7.4). Détail non biomimétique : sur certaines écailles sont gravés des messages d'amour fournis par les écoliers et autres participants au projet !

7.4 Le pavillon Perspectives est un abri pour randonneurs inspiré des écailles des pommes de pin sans en adopter « l'effet bilame ». © Perspectives project, Giles Miller Studio.

Enfin, dans le Village olympique brésilien de 2016, cinq constructions s'inspiraient des fleurs rares de la forêt tropicale et des canopées ombraient les athlètes. Cette réalisation, appuyée par le message de la cérémonie d'ouverture, se voulait en réalité plus militante qu'efficace ou esthétique, en rappelant les effets désastreux du changement climatique et des activités humaines sur la forêt amazonienne.

Depuis cinquante ans en effet, environ 18 % de ce poumon du monde ont disparu...

2 Les « bioniques »

Ne négligeant pas, parfois, l'aspect symbolique d'une inspiration végétale, les constructions « bioniques » s'attachent particulièrement à intégrer les astuces des plantes en matière de matériaux, de structures, de formes ou de fonctions. Unicellulaires, champignons, fleurs, fruits, troncs et racines sont ainsi mis à contribution dans chaque élément architectural [155].

«Je vis ensuite un très ingénieux architecte qui avait trouvé une nouvelle manière de bâtir les maisons en commençant par le faîte et en finissant par les fondations, dont la pratique était justifiée par l'exemple de deux insectes d'une prudence reconnue, l'abeille et l'araignée» contait Jonathan Swift dans les *Voyages de Gulliver*.

Suivant son sage conseil, nous commencerons par les toits, en nous référant aux plantes plutôt qu'à ces petites bêtes...

Des bio-toits

Squelettes légers

Marqué dans sa jeunesse par le nazisme, l'architecte et ingénieur allemand Frei Otto oppose l'Homme biologique à l'Homme politique et technologique, prôné par l'idéologie fasciste. Fortement influencé par la démarche naturaliste de l'architecte américain Richard B. Fuller, opposant la «*Killingry*» à la «*Livingry*» (*industrie des armes* vs *industrie de la vie*), il impose une architecture en harmonie avec la nature et fonde en 1964 l'Institut des Structures légères à l'université de Stuttgart [213].

Dans cet organisme, une certaine pluridisciplinarité s'impose: «Nous avons déjà besoin de pronostics pour l'image de la nature du XXIe siècle. Nous devons tous travailler à ce sujet: chercheurs en sciences humaines et en sciences naturelles, biologistes, ingénieurs, architectes et tous ceux qui sont concernés par la nature et l'homme».

Les réalisations les plus emblématiques de Frei Otto sont des structures légères, dites «géodésiques», ressemblant à des bulles, des toiles d'araignée et des squelettes de radiolaires ou de diatomées. La structure résistante et légère de la couverture du stade olympique de Munich, conçu en 1972 (Figure 7.5) avec son collègue Günther Behnisch, en est un exemple emblématique [215]. Son toit a une surface de 74 800 mètres carrés, constitué de plaques de plexiglass fumé de 7 centimètres d'épaisseur supportées par 58 mâts d'acier de 50 à 84 mètres de haut.

Une quinzaine de jours avant sa mort en 2015, Frei Otto apprit qu'il avait été honoré du prix Pritzker, équivalent du prix Nobel pour l'architecture. Lors de la visite du comité, il avait déclaré: «Ma vision de l'architecture a été de concevoir de nouveaux types de bâtiments pour aider les pauvres en particulier au lendemain de catastrophes naturelles. [...] Je vais utiliser le temps qu'il me reste pour continuer à faire ce que j'ai fait, qui est d'aider l'humanité.».

7.5 Les structures « géodésiques » des couvertures du stade et de la piscine olympique de Munich, inspirées des diatomées, ont été conçues par Frei Otto et Günther Behnisch. © Hanley Wood Media Inc.

Victoria !

La feuille du nénuphar *Victoria amazonica*, ressemblant à un moule à tarte, peut atteindre plus de deux mètres de diamètre ! Ses nervures radiaires rigides partant de la tige sont considérablement renforcées par de multiples nervures concentriques flexibles, disposées en sens opposé (Figure 7.6).

Ces armatures rendent la feuille si solide qu'elle a pu supporter le poids de la petite fille de l'architecte britannique Joseph Paxton, émerveillant au passage le dramaturge Douglas William Jerrold :

On unbent leaf, in fairy guise,
Reflected in the water,
Beloved, admired by hearts and eyes,
Stands Annie, Paxton's daughter.

En robe de fée sur une feuille étale,
Se reflétant dans l'eau,
Objet d'amour et d'admiration,
Se dresse Annie, fille de Paxton

Tout d'abord jardinier, Paxton fut nommé superintendant du domaine de Chatsworth House où il s'essaya à l'architecture. Il cultiva en serre une bouture du nénuphar *Victoria* trouvée en Guyane, laquelle se multiplia et s'étala

7.6 Les nervures radiaires partant de la tige de la feuille de nénuphar sont renforcées par de multiples nervures concentriques flexibles. © Creative Commons Attribution 3.0.

si vertigineusement qu'il fut obligé d'imaginer une autre construction pour la protéger. Il conçut ainsi un édifice en verre et en fer, aux armatures semblables à celles de la feuille de ce végétal, la Lily House, qui connut un immense succès.

Cette structure inspira aussi à Joseph Paxton le Crystal Palace de Londres, clou de l'exposition universelle de 1851, qu'il dessina en seulement neuf jours [51]. Cette construction révolutionnaire était entièrement modulable, préfabriquée en 293 000 panneaux de verre que 2 000 hommes assemblèrent en huit mois. Légère mais très résistante, elle fut pendant 140 ans le siège de nombreuses expositions spectaculaires avant d'être détruite dans un incendie.

Construit sur le même modèle en 1853, le Crystal Palace de New-York eut curieusement le même destin : il fut entièrement ravagé par le feu [52] !

Des vestiges illustrant le même principe sont encore visibles, tels que la serre Victoria du Jardin botanique national de Belgique ou la serre de Bary du Jardin botanique de Strasbourg. Cette dernière, classée au patrimoine mondial de l'Unesco, est actuellement fermée, dans l'attente de fonds pour sa restauration.

Le nénuphar géant fait encore des émules de nos jours, car sa structure garantit légèreté et solidité à une immense surface. C'est son architecture nervurée qu'un architecte italien a adoptée pour concevoir le dôme du Palazetto dello Sport de Rome, à l'occasion des Jeux olympiques d'été de

7.7 Le toit en construction du Palazetto dello sport à Rome est inspiré de la structure de la feuille de *Victoria*. © Image courtesy of Maxxi.

1960 [174]. Sans nuire à la résistance de la construction, les 1620 éléments en béton armé, mis en place en seulement un mois, ont permis une économie sensible en poids et donc en coût total (Figure 7.7).

Un fruit protecteur

À Singapour se dresse l'Esplanade, une salle de concerts de 1600 places surmontée de deux dômes arrondis [68]. Ceux-ci sont hérissés de pointes d'aluminium dont chacune est nettoyée à la main par des spécialistes. Ce toit permet à la lumière de pénétrer dans la salle, mais empêche la chaleur de sévir.

Est-ce de la carapace épineuse du durian, ce « fruit des dieux » unique dans la région, que les architectes se sont inspirés ? Toujours est-il que le bâtiment est affectueusement surnommé le « durian » par les Singapouriens, bien que son odeur n'ait rien emprunté à la puanteur de son modèle végétal…

Des bio-matériaux

Chocs à gogo

Rendons à César ce qui est à César : le pamplemousse asiatique (*Citrus maxima*) n'est pas le pomélo occidental (*Citrus paradisi*) et réciproquement (Figure 7.8) !

7.8 Ne pas confondre le pamplemousse (*Citrus maxima*, à gauche) avec le pomélo (*Citrus paradisi*, à droite), hybride entre le pamplemousse et l'orange. © Creative Commons Attribution 3.0.

Le pamplemousse asiatique (appelé *pomelo* en anglais, d'où la confusion) est gros, en forme de poire, peu juteux et possède une écorce verte, jaune ou rosée très épaisse. C'est l'un des fruits les plus gros du monde, son poids pouvant varier de 500 grammes à 8 kilos !

Le pomélo (appelé *grapefruit* en anglais car il pousse par grappe) est un hybride entre le précédent et l'orange. Il est plus petit, rond, très juteux et possède une mince écorce jaune ou rose. C'est celui qui a le plus de chances de se trouver sur les étals européens et que nous appelons – donc à tort – pamplemousse.

C'est quand même bien le premier qui a attiré l'attention des ingénieurs. L'arbre sur lequel il pousse, le pamplemoussier, peut mesurer jusqu'à 15 mètres de haut. Aussi est-il évident que ses fruits, si lourds, se sont adaptés afin d'éviter d'éclater lorsqu'ils chutent de l'arbre. Le secret de ces fruits réside dans la structure de leur écorce. Contrairement à d'autres revêtements, en effet, elle durcit et devient plus épaisse, et non plus mince, lorsqu'elle est étirée ou qu'elle reçoit un choc. Cette propriété, qualifiée d'« auxétique » (du grec *auxein*, s'étendre), permet au fruit de dissiper 70 % à 90 % de l'énergie d'impact [82], (Figure 7.9).

La surface de l'écorce – la flavedo – est constituée de fibres perpendiculaires rigides et ramifiées. L'intérieur blanchâtre – l'albedo – ressemble à de la mousse et est constitué de cellules entourant des pores dont le volume augmente de la surface vers la pulpe. Ces pores sont remplis d'air et leurs parois sont remplies de liquide. C'est l'organisation de l'albedo qui permet de dissiper l'énergie due à un choc dans un large volume de l'écorce plutôt que de la maintenir concentrée au voisinage du point d'impact.

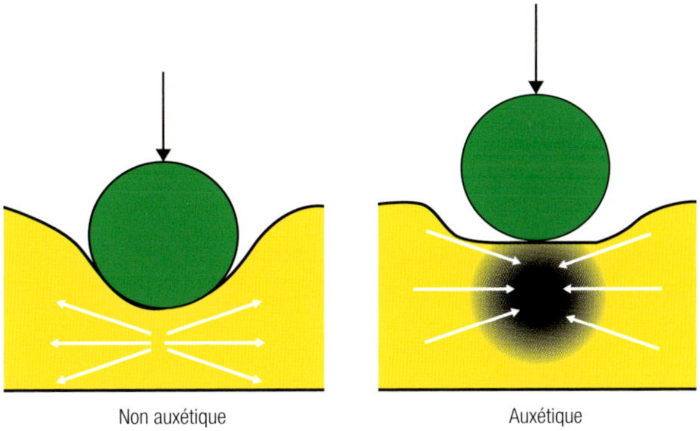

7.9 Le principe de l'auxétisme : lorsque le substrat reçoit un choc, il devient plus épais (à droite) qu'un substrat non-auxétique (à gauche). C'est la propriété de l'écorce du pamplemousse, permettant au fruit de dissiper 90 % de l'énergie de l'impact lors de sa chute de l'arbre.

Un groupe d'ingénieurs et de chercheurs du Groupe de Biomécanique des Plantes de l'université de Fribourg, soutenus par leur ministère de l'Éducation et de la Recherche, a mis au point une mousse auxétique métallique à haute capacité d'absorption d'énergie, en la dotant notamment, à la façon du pamplemousse, d'une structure hiérarchique de pores de dimension grandissante renforcée par des fibres [148, 227].

Elle est abondamment utilisée pour des protections de sécurité à l'usage des sportifs – gants, genouillères, casques – de 20 % plus résistantes que des protections classiques. L'entreprise BMW envisage d'en équiper ses ouvriers, car ces équipements sont non seulement efficaces, mais perméables à l'air et beaucoup plus légers que leurs tenues habituelles.

Afin de produire un matériau de construction encore plus solide mais tout aussi résilient, des architectes allemands ont mis au point un « sandwich » alternant des couches de mousse inspirées du pamplemousse et des couches plus rigides dont les structures sont inspirées des écorces de noix de macadamia, pour les unes, et de noix de coco, pour les autres [199].

Cette combinaison de couches solides et de mousse renforcée est donc issue de l'adaptation à la maltraitance de trois fruits !

Pour que les murs durent, amis donnez[1]

De saveur très douce, il accompagne merveilleusement les plats asiatiques au curry, poivre de Sichuan ou piment, mais aussi les desserts au lait de coco. Peu riche en protéines et lipides, sans gluten, très digeste grâce

1. Un bref hommage à Francis Blanche : « Pour que l'école dure, amis donnez ! »

à la structure de son amidon, il rassasie rapidement car il se gonfle d'eau pendant la digestion.

Particulièrement riche en amidon, *Oryza sativa L.*, puisqu'il s'agit en effet du riz gluant – encore nommé « *nùomi* » en Chine, « *chapssal* » en Corée ou « *mochigome* » au Japon –, a décidemment beaucoup de vertus. Grâce à lui, en Chine, des tombes, des pagodes, des murs d'enceinte, mais aussi une partie de la célèbre muraille ont résisté depuis plus de 2 200 ans aux tremblements de terre, aux boulets de canon, aux climats extrêmes et même aux bulldozers modernes [248].

Une équipe de chimistes de l'université du Zhejiang a en effet récemment découvert le secret du mortier liant les pierres millénaires. Il réside en l'ajout de soupe de riz gluant à de la chaux classique, cette même soupe que les anciens ouvriers consommaient dans leurs gamelles. La surface dure et le cœur tendre de ce mortier lui confèrent alors une solidité, une tension à l'eau et des propriétés antisismiques remarquables. Dans les mortiers classiques, déjà employés en Europe et en Asie occidentale depuis 2 450 avant notre ère, seuls des matériaux inorganiques – cendres volcaniques ou copeaux de céramique – avaient été ajoutés à la chaux.

Le mélange inorganique/organique constitue, selon l'un des chercheurs, « l'une des plus grandes innovations technologiques de l'époque » ! Comparé à différents panachages, la recette du mortier ancestral à 3 % de riz gluant est de loin la meilleure pour restaurer les monuments anciens, comme par exemple le pont Shouchang de la province de Zhejiang, vieux de 1 000 ans. D'autres recherches concernent la possibilité d'adapter cette recette à du béton, ce qui réduirait considérablement l'impact environnemental négatif de ce matériau.

Comme des champignons

« L'avenir est fongique ! » déclare Philip Ross, mycologue-artiste-designer-enseignant à Stanford. À l'instar des ingénieurs d'Ecovative, il a mis au point une matière constituée de sciure de bois, dans laquelle des champignons se nourrissent et croissent. Selon lui, la fabrication de sa « mycotecture » n'est guère différente de celle du fromage ou de la bière [97, 190, 191]...

Ce matériau a séduit The Living, une équipe d'architectes new-yorkais, qui envisage de construire un bâtiment entier dans cette matière, donc un bâtiment bon marché, résistant et... entièrement biodégradable ! Son projet a été présenté au concours annuel des Jeunes Architectes du MoMa, le musée d'Art moderne de New-York.

Cette équipe a déjà produit Hy-Fi, une tour d'environ 12 mètres composée de 10 000 briques de Mycofoam (Figure 7.10). Étonnamment durable, cette structure n'est cependant pas aussi résistante que des constructions classiques en béton. Des études supplémentaires sont donc indispensables.

Un pas vers une plus grande résistance est franchi par des architectes allemands de Karlsruhe : ils utilisent les briques en champignon pour construire des structures autoportantes. Leur MycoTree est constitué de dizaines de composants en mycélium, attachés les uns aux autres par un dispositif en bambou et acier. Exposé à la biennale de Séoul, cet assemblage en champignons peut être un élément autoportant pour de petites habitations de moins de deux étages. « Ce que nous essayons de démontrer avec tous nos prototypes et nos bâtiments, c'est que nous pouvons réaliser des choses incroyables avec de modestes moyens » déclare avec enthousiasme l'un des concepteurs.

7.10 La tour Hy-Fi de 12 mètres de haut est composée de 10 000 briques de Mycofoam.
© Amy Barkow, courtesy of The Living.

Des bio-soutiens

Les arbres ramifiés sont des modèles parfaits pour la construction de grandes surfaces soutenues par des éléments étroits. Ils ont été diversement exploités dans le passé en fonction des connaissances existantes et des technologies disponibles [187].

Au Moyen-Âge se sont déjà développées des voûtes renforcées par une arborescence, comme celles de la basilique Cistern à Istambul (VIe siècle), de la Sainte-Chapelle à Paris (vers 1242) ou de la chapelle du King's College de Cambridge (vers 1351).

C'est au XIXe siècle, sous l'influence de l'Art Nouveau, que les structures dendriformes (du grec « *dendron* », arbre) ont été réellement développées selon des approches scientifiques spécifiques. Les colonnes en béton de la Sagrada Familia en sont les exemples emblématiques (Figure 7.1). Indépendamment de l'approche symbolique soulignée plus haut, Antoni Gaudi avait étudié attentivement les contraintes éprouvées par ces structures et avait choisi, notamment, d'incliner en un angle aigu les branches secondaires pour mieux supporter les pressions.

Au XXe siècle, l'utilisation d'un acier léger et résistant change la donne. Au sein de l'Institut des Structures légères, Frei Otto travaille systématiquement sur les structures ramifiées arborescentes et procède à des recherches sur ordinateur dans lesquelles les arborescences sont calculées afin d'optimiser la portance générale. Ses recherches donnent lieu à des réalisations comme un terminal de l'aéroport de Stuttgart ou la gare intermodale Oriente de Lisbonne (Figure 7.11).

7.11 La gare intermodale Oriente de Lisbonne est arborescente. © Creative Commons Attribution 3.0.

7.12 En haut à gauche : les structures répétitives d'une feuille de fougère (feuille, foliole et foliolule) illustrent le modèle mathématique de développement des systèmes vivants.

En haut à droite : le formalisme mathématique L-system permet de simuler le développement en 3D de productions végétales répétitives.

En bas : la structure arborescente du restaurant Tote à Munbai a été modélisée par application d'un L-system.

À partir d'observations de structures naturelles comportant des répétitions de motifs identiques – comme les folioles et feuilles d'une fougère ou les éléments d'une prêle (Figure 7.12, haut à gauche) – ou de motifs vaguement similaires – comme les ramifications des algues ou des arbres – des algorithmes originaux ont été développés dans les années 1970 pour générer des motifs semblables à ces formes végétales.

Le « L-system », notamment, est un formalisme mathématique conçu par le biologiste hongrois Aristid Lindenmayer, ayant pour objectif de présenter un modèle général de développement des végétaux et des animaux [184], (Figure 7.12, haut à droite). Il s'apparente aux fractales, terme issu du latin *fractus* (brisé) et créé par le mathématicien français Benoît Mandelbrot pour désigner toute forme présentant un phénomène d'autosimilarité à diverses dimensions – phénomène qu'illustre parfaitement la morphologie de la feuille de fougère [143].

À chaque « génération », un L-system reproduit un élément similaire et ce, à différentes échelles, en suivant des règles très simples, ce qui donne à la fin des forme très complexes. Un tel système peut ainsi modéliser des arborescences extrêmement sophistiquées, comme la structure interne du restaurant Tote à Munbai (Figure 7.12, bas).

Très récemment, d'autres techniques mathématiques et informatiques optimisant les relations géométriques entre le toit et les colonnes de soutien permettent de réaliser des constructions en matériaux divers et à l'esthétisme débridé.

Le Metropol Parsol de Séville, la plus grande structure en bois du monde d'une hauteur de 28 mètres sur 150 mètres de long, a été conçu suivant ces principes. Sa forme lui a valu le surnom de *setas de la Encarnacion*, le « champignon [de la place] de l'Incarnation » [153].

Des Bio-façades

Les façades de nombreux habitats nouveaux sont conçues comme de véritables peaux qui, à l'instar de leurs modèles végétaux, doivent se protéger ou, au contraire, tirer avantage du soleil, de l'eau ou de l'air. De trop grandes quantités d'énergie sont en effet dépensées pour éclairer, chauffer, refroidir ou ventiler les habitations traditionnelles.

Ombre et Lumière

« La preuve que Dieu est ami des joueurs de boules, c'est que les feuilles des platanes sont proportionnées à la force du soleil ». Marcel Pagnol mettait ainsi en évidence la contribution généreuse et désintéressée des arbres provençaux à la protection contre la chaleur.

D'autres stratégies végétales un peu plus subtiles ont été investiguées par les architectes, car bientôt l'ombrage des bâtiments sera rendu obligatoire par l'Union européenne. L'économie qui pourrait être réalisée par la suppression des systèmes d'air conditionné est estimée en effet à 41 millions de tonnes de carburant et 111 millions de tonnes de CO_2 par an.

L'Heliotrope House de Fribourg en Allemagne, par exemple, s'inspire des coquelicots arctiques (*Papaver laestadianum*) qui suivent le soleil pendant un jour polaire sans fin [100]. Son panneau solaire juché sur le toit fait toujours face au soleil afin d'optimiser la production d'énergie, tandis que ses façades exposent leur côté opaque lorsque la chaleur se fait trop intense (Figure 7.13). Ce bâtiment est le premier de ce type à produire cinq fois plus d'énergie qu'il n'en consomme et cela grâce à une source renouvelable.

7.13 L'Heliotrope House de Fribourg en Allemagne s'inspire des coquelicots arctiques qui suivent le soleil pendant un jour polaire sans fin. © Creative Commons Attribution 3.0, Attribution : Andrewglaser.

Dans l'émirat Abu Dhabi, une température extérieure de 40 °C est la norme. Pour se protéger du soleil, les tours jumelles Al Bahar de 145 mètres de haut et de 29 étages allient à la fois le suivi du soleil des héliotropes et les mouvements des pommes de pin [7]. Elles sont entourées par une « double peau » positionnée 2 mètres en avant de leur façade et qui joue un rôle d'écran vis-à-vis du soleil. Cet écran est constitué de 2000 panneaux triangulaires en fibre de verre micro-perforé dont l'agencement en structures hexagonales n'est pas sans rappeler les moucharabiehs arabes.

À l'intérieur de chacune de ces structures, l'orientation des panneaux est contrôlée par un ordinateur qui suit la course du soleil, de sorte que toutes les structures disposées le long d'une arête verticale de l'écran peuvent s'ouvrir pour laisser passer la lumière ou se refermer pour s'opposer au rayonnement solaire direct.

Ce dispositif est alimenté par une énergie renouvelable produite par des panneaux photovoltaïques situés sur les toits des deux tours. Il économise environ 50 % de l'énergie nécessaire à leur réfrigération.

L'imposant immeuble-cactus du ministère des Affaires municipales et de l'Agriculture (MMAA) du Qatar présente des caractéristiques analogues [157]. Ses stores s'ouvrent et se ferment en fonction de la chaleur, à la façon dont le cactus choisit de transpirer la nuit plutôt que le jour pour retenir l'eau. Un dôme « botanique » abrite des plantes chargées de traiter les eaux usées de tous les habitants.

Des mécanismes de protection du soleil beaucoup moins énergivores sont cependant disponibles, il suffit d'observer plus attentivement la nature.

La splendide plante *Strelitzia reginae* – autrement nommée Oiseau de Paradis –, apporte sa contribution au combat implacable des humains contre les stores qui refusent de s'actionner sans entremêler leurs lames.

Cette fleur sud-africaine présente une houppe composée de trois hauts sépales oranges et, à leur base, trois pétales violets formant un perchoir idéal pour les passereaux (Figure 7.14, haut). Lorsqu'un oiseau s'y pose, son poids déploie latéralement deux des pétales violets et découvre le pollen qui y est collé. Lorsque l'oiseau s'envole, les pétales se referment et protègent de nouveau le pollen. Des tests prouvent que ces nasties[1] peuvent se répéter plus de 3000 fois sans dommage [149].

Ce mécanisme sans charnière ni joint a inspiré à des chercheurs du groupe de Biomécanique des Plantes de l'université de Freiburg la conception d'un store dont les lamelles indépendantes se déploient et se replient uniquement par la torsion de leur axe central [127]. Chaque lamelle est

1. Voir le paragraphe « Touch-me-not » p. 86 pour une définition de ce terme.

7.14 En haut : les pétales violets de la fleur *Strelitzia* ou Oiseau de Paradis s'ouvrent lorsqu'un oiseau s'y perche et l'enduisent de pollen. En bas : ces pétales ont inspiré des stores constitués de lamelles Flectofin se dépliant et se repliant uniquement par la torsion de leur axe central, comme ceux de la façade du Pavillon de l'EXPO 2012 à Yeosu. © Institute ITKE, Universität Stuttgart.

en réalité bilame et imite la constitution du perchoir : une nervure centrale en plastique renforcé de fibres de verre et deux ailerons transparents et flexibles. En réaction à un changement de température, les deux ailerons se tordent et s'éloignent l'un de l'autre, ce qui a pour effet de refermer le store et d'ombrager les baies vitrées ou les façades

Un dispositif adapté a été appliqué à des simples persiennes jusqu'à des façades entières, comme celles du pavillon thématique présenté par l'agence Soma architecture lors de l'Expo2012 à Yeosu en Corée du Sud (Figure 7.14, bas).

Cependant le mécanisme correspondant nécessite une force d'actionnement relativement importante. C'est pourquoi ces mêmes chercheurs se sont penchés sur les mouvements d'une autre plante, sous-marine et carnivore celle-ci, l'aldrovandie (*Aldrovanda vesiculosa*), surnommée « roue de moulin » en raison de ses tiges disposées radialement. Le sport préféré de la plante est en effet la capture de puces d'eau. Lorsque la nervure médiane de ses feuilles se plie légèrement vers le bas, elle replie brusquement ses deux lobes, un peu à la manière de la Vénus gobe-mouche. Cependant ce mouvement est dix fois plus rapide que celui de son homologue terrestre !

Après avoir étudié la mécanique de ces mouvements, ces mêmes chercheurs, s'associant avec d'autres scientifiques, ont mis au point une nouvelle lame, Flectofold, plus sensible, plus durable, et s'adaptant surtout beaucoup mieux aux façades courbes.

Météosensible

Il est clair que les produits issus de l'effet lotus, comme la peinture Lotusan, protègent très efficacement les façades contre la pluie. Des applications anti-humidité de l'effet pigne[1] connaissent également un certain succès en architecture, grâce à leur simplicité et à leur esthétisme.

C'est ainsi que le projet Water Reaction proposé par un jeune Chinois, étudiant en design industriel à Londres, vise à produire un panneau protégeant de l'humidité en exploitant le seul effet bilame. Nul besoin alors d'une alimentation électrique comme celle qui actionne les moucharabiehs des tours Al Bahar ou ceux de l'Institut du Monde arabe à Paris.

L'un des prototypes étudiés est une feuille de laminé protégeant des bâtiments en fonction de l'hygrométrie extérieure. Chaque carreau qui la constitue est composé de trois couches – un tissu, un film mince et un bois de placage – orientées perpendiculairement les unes aux autres. Le bois externe réagit à l'eau et se dilate, allongeant et courbant l'ensemble du matériau, ce qui permet de fermer les ouvertures du laminé quand il pleut et de les dégager quand il fait beau.

Si de nombreuses applications d'un tel produit peuvent être aisément envisagées – pour couvrir de petites surfaces comme les toits des Abribus ou des surfaces beaucoup plus vastes, à l'échelle d'un hôpital ou d'un centre commercial – il reste à le rendre plus résistant au vent et surtout plus durable, car son efficacité pourrait s'atténuer avec le temps.

Une application analogue, le pavillon HygroSkin, est qualifiée de « météorosensitif » par ses concepteurs, des chercheurs de l'université de Stuttgart [106], (Figure 7.15). Il a été érigé dans le Stadtgarten de la ville, un lieu où l'humidité relative atteint un taux de 45 % à 75 %.

Il se présente comme une grosse boîte parallélépipédique revêtue de 28 panneaux de bois sur lesquels se trouvent 1 100 ouvertures boursouflées en forme de fleurs. Leurs « pétales » sont constitués d'un assemblage bilame de contreplaqué d'érable associé à un polymère amplifiant l'effet

1. Voir « Effet pigne », p. 37.

7.15 Le pavillon HygroSkin à 85 % d'humidité : toutes ses ouvertures se sont fermées sans aucune énergie électrique. © ICD University of Stuttgart.

pigne. Sans la moindre énergie mécanique ou électrique, ces pétales s'épanouissent et se referment selon le climat, garantissant une humidité très stable à l'intérieur du pavillon.

Bioalguée

Depuis la COP21, il est fortement recommandé de concevoir des constructions limitant la quantité de gaz à effet de serre qu'elles émettent, du fait des matériaux qui les constituent – béton, peintures –, des usages qu'elles engendrent – chauffage, éclairage – ou des équipements mobiliers qu'elles renferment – informatique, électroménager.

L'une des cibles privilégiées est le dioxyde de carbone : par an, un immeuble en dégage en effet de 425 à 600 kg/m^2, une maison individuelle entre 300 à 500 kg/m^2.

Les microalgues, autrement dit le phytoplancton, œuvrent vaillamment sous l'eau en absorbant ce gaz en grande quantité – environ 1,7 kilo pour 1 kilo de microalgues. Elles ont été exploitées par diverses industries pour cette propriété, mais également pour traiter les eaux usées, en particulier dans les navettes spatiales [110, 204].

Le cabinet d'architecte français X-TU – collaborant avec le laboratoire GEPEA du CNRS et AlgoSources Technologies – a ainsi jugé possible d'entretenir une culture de microalgues en façade d'un immeuble dans un double vitrage transparent contenant de l'eau salée et exposé au soleil. De l'air y serait insufflé afin d'optimiser la photosynthèse, donnant ainsi un mouvement éminemment esthétique aux végétaux qu'il contient, tout en contribuant à l'entretien des vitrages. Ces microalgues tendraient naturellement à se reproduire. Aussi est-il prévu qu'un algoculteur soit associé au projet car il pourrait recueillir chaque semaine environ 30 kilos de matière qu'il recyclerait selon ses besoins.

Suite au projet lauréat du concours Réinventer Paris, le complexe nommé In Vivo est en cours de réalisation dans le 13e arrondissement de Paris [107], (Figure 7.16). L'ensemble se composera de trois édifices : l'« Algo House », à la façade bioalguée, accueillera des universitaires de la Sorbonne, la « Plant House » sera une ferme verticale et la « Tree House » accueillera des arbres de 3 à 4 mètres de haut à chaque étage. La livraison d'un tel complexe végétal est prévue avant les Jeux olympiques de 2024.

7.16 Suite au concours « Réinventer Paris », le complexe In Vivo est en cours de réalisation dans la capitale. Il comportera notamment l'« Algo House » à la façade bioalguée, qui accueillera des universitaires de la Sorbonne. © X-TU architects.

L'enveloppe vivante

Très récemment, l'architecte israélienne Lidia Bardanah Kadri a développé le concept de Living Envelope, visant à améliorer le confort des immeubles en gérant en même temps l'air, la chaleur, la lumière et l'eau [14]. Pour ce faire, il est nécessaire de s'accommoder de contraintes contradictoires, comme optimiser à la fois la lumière et la fraîcheur et ce, en toutes saisons.

Les plantes supportent de telles contraintes par l'intermédiaire, notamment, de leurs stomates. L'ouverture et la fermeture de ces derniers sont provoquées par l'échange de certains gaz, comme le dioxyde de carbone et l'oxygène, mais aussi par une exposition à la lumière, à la chaleur ou à l'humidité. Grâce à ces mécanismes, des plantes très différentes comme les cactus, les pins ou les algues se trouvent parfaitement adaptées à des climats arides, tempérés ou marins.

L'exemple le plus abouti d'enveloppe vivante est le projet présenté par l'équipe néerlandaise Philips Design Probes, le « Off the Grid Sustainable Habitat 2020 », un habitat durable destiné à être développé au sein d'une mégalopole chinoise, dont la façade est fortement inspirée par les stomates [132], (Figure 7.17). L'objectif est de concevoir un immeuble s'adaptant de façon autonome à toute condition climatique, présente et future.

L'enveloppe du bâtiment est conçue comme une peau active quadrillée par de petits entonnoirs figurant les stomates. À l'intérieur de chacun sont intégrées des cellules photovoltaïques et des capteurs sensibles à l'humidité, à la direction du vent, à la luminosité et à l'angle du soleil. Leur forme peut changer pour tirer le plus grand avantage des conditions météorologiques environnantes.

Tout au long de la journée, la lumière naturelle est dirigée vers certains stomates et l'éclairage peut ainsi jaillir par une simple commande tactile sur les murs, les planchers ou les plafonds, à l'intensité désirée. Parallèlement, les éléments photovoltaïques fournissent des réserves d'énergie pour la nuit et les journées peu lumineuses.

La pluie est récupérée en orientant le plus efficacement possible les petits réservoirs contenus dans les stomates. Pendant les périodes sèches, l'eau est capturée la nuit par condensation. Elle est ensuite canalisée, filtrée puis stockée dans des tubes placés dans les murs et peut être utilisée pour tout usage domestique, cuisine ou toilette.

L'air extérieur et intérieur passe par des micro-tubes d'entrée et de sortie, intégrés eux aussi dans les stomates. Il y est débarrassé du dioxyde de carbone et des particules polluantes et est réchauffé en période froide et

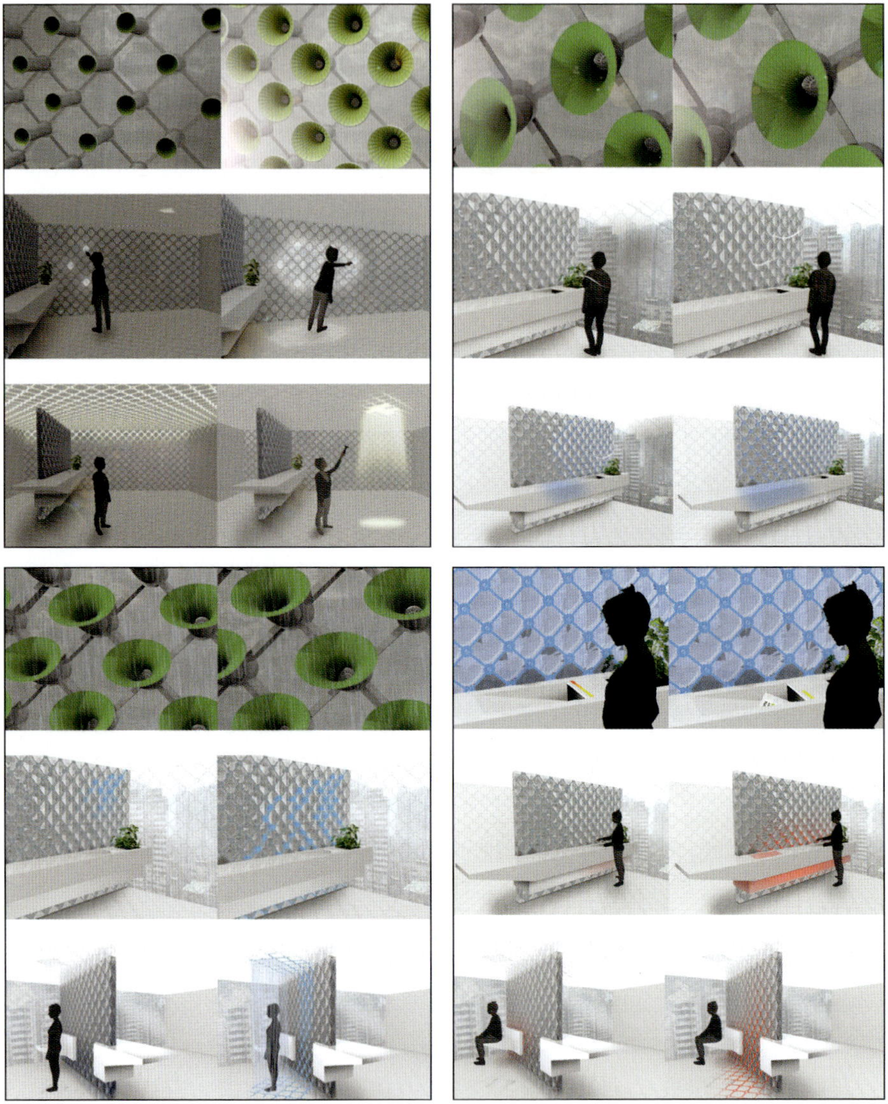

7.17 Off the Grid Sustainable Habitat 2020. En haut à gauche : l'éclairage peut jaillir par une simple commande tactile sur les murs, les planchers ou les plafonds, à l'intensité désirée. En haut à droite : l'air, débarrassé du dioxyde de carbone et des particules polluantes, est réchauffé en période froide et refroidi en période chaude. En bas à gauche : l'eau est canalisée, filtrée puis stockée dans des tubes placés dans les murs. Elle peut être utilisée pour tout usage domestique, cuisine ou toilette. En bas à droite : les déchets sont convertis en biogaz dans des enceintes intérieures et produisent suffisamment de chaleur pour réchauffer l'eau et les aliments. © Yatzerland LTD refroidi en période chaude. Cette circulation d'air n'est pas perceptible et n'a aucun impact sur le confort intérieur.

Enfin, par décomposition bactérienne, les déchets produits par les habitants sont convertis en biogaz dans des enceintes intérieures et produisent suffisamment de chaleur pour réchauffer l'eau et les aliments.

Rêvons à la réalisation d'une telle perfection architecturale, prévue pour 2020… mais probablement retardée bien au-delà !

Les « tout »

L'architecture ne s'inspire pas seulement d'éléments ou de procédés isolés. Elle s'inspire parfois d'un « tout », comme un arbre entier, une pinède, un réseau de champignons, une mangrove. Ces idées ont donné lieu à des réalisations classiques ou à des projets débridés.

Tour pour demain ?

L'architecte américain William McDonough a été déclaré « héros de la planète » par *Time Magazine* pour avoir construit la première maison solaire en Irlande en 1977. Son cabinet est depuis dévolu aux constructions « vertes ».

Son projet futuriste Tower of Tomorrow, nommé aussi Treescraper, a été commandité par le magazine *Fortune* et se veut le modèle d'un arbre tout entier [228]. La tour qu'il propose réunirait toutes les capacités de l'Habitat 2020 : fabriquer de l'oxygène, recycler l'eau, les déchets, et produire de l'énergie.

Il s'en distingue cependant par le fait que ces opérations s'effectueraient à l'intérieur – par des jardins en cascade intégrant le toit et la façade ouest – comme à l'extérieur – par des mousses couvrant la façade nord et des panneaux photovoltaïques couvrant la façade sud. Cerise sur le gâteau, l'édifice changerait même de couleur suivant les saisons !

À ce jour, cependant, ce projet est toujours promis pour… *tomorrow*.

Canopée salée

S'inspirant de la forêt de pins parasol toute proche, Arteks Arquitectura a créé des sculptures élégantes donnant de l'ombre dans un parc du bord de mer à La Pineda, en Espagne [37].

Confrontés au problème du vent marin, les architectes ont développé des structures en fibre de verre très légères et résistantes au sel. Elles se penchent sous le vent selon un angle particulier, le même qu'adoptent les pins en croissance, toujours dans le sens du vent dominant. La canopée artificielle est également inspirée de la cime des pins parasols naturels.

Campus Mycelium

Le « Mushroom Community Campus » d'une équipe d'étudiants en architecture de l'université nationale de Singapour et de l'université de Melbourne s'inspire plutôt du réseau de mycélium favorisant le partage des ressources entre champignons et autres végétaux [36]. Ce projet de campus universitaire écologique pour le Vietnam a remporté en 2013 le premier prix du Concours international de Design d'Architecture tropicale (Figure 7.18).

Les bâtiments du campus, bâtis en terre et en paille de riz comme les constructions vietnamiennes traditionnelles, utilisent des ressources naturelles comme l'air, la lumière du jour et l'eau. Des tunnels air-sol réduisent la consommation d'électricité nécessaire au conditionnement de l'air en utilisant les propriétés thermiques de la terre. Des collectes d'eau de pluie réduisent la consommation d'eau, imitant ainsi les réseaux souterrains d'échanges entre groupes de champignons. Le campus est ainsi presque entièrement autonome en ressources et réduit son empreinte carbone de plus de 70 %.

7.18 Le campus Mushroom Community s'inspire du réseau de mycélium favorisant le partage des ressources entre champignons et autres végétaux. © SDE Department of Architecture, National University of Singapore.

« Le campus a pour objectif d'enseigner aux jeunes les principes du développement durable, d'encourager les populations locales à protéger l'environnement et à améliorer la qualité de vie », a déclaré le chef d'équipe à l'occasion de la remise de leur prix.

Chimère

Dans cette catégorie architecturale, l'imagination la plus débridée est sans conteste celle de l'équipe Chimera de Londres. Réunissant quatre designers – un italien, un colombien, un chilien et un chypriote –, son projet porte sur la construction de Mangal City, une ville inspirée de l'écosystème des marais tropicaux, les mangroves [144] (Figure 7.19).

Une série de gratte-ciel spiralés, typiques de la croissance des végétaux dans cet écosystème, intègre des « gousses » modulaires, espaces de vie destinés – selon les objectifs assez impénétrables des concepteurs – à « définir un écosystème urbain soutenant les programmes de logement classiques et culturels et qui a la capacité de s'adapter, de se transformer, de muter et de s'ajuster en fonction du caractère urbain et social spécifique du site ».

7.19 La Mangal city s'inspire des mangroves, l'écosystème des marais tropicaux. © Architectural Association.

3 Les « botaniques »

BauBotanik

Les architectures de la BauBotanik ont une démarche radicalement différente de celle de la bio-inspiration bionique [138]. Il s'agit de « faire tomber les différences entre l'Homme et le naturel » avec des bâtiments « cultivés », mêlés étroitement à des arbres ou à d'autres végétaux vivants. L'arbre doit ainsi rentrer dans la ville et la ville dans la campagne.

Platanes[3]

À titre de démonstration, le fameux Platanen-Kubus de l'architecte pionnier de cette tendance Ferdinand Ludwig de l'université de Stuttgart a été érigé à Nagold en 2012. Il incorpore un millier de jeunes platanes associés à une structure en acier. Les branches sont soumises à la technique du « tressage » bien connue en jardinage, qui permet de les entrelacer et de leur

7.20 Le Platanen-Kubus est un bâtiment « cultivé », incorporant un millier de jeunes platanes associés à une structure en acier. Design and Copyright ludwig.schönle (Ferdinand Ludwig and Daniel Schönle).

imposer une forme désirée. À terme – c'est-à-dire vers 2028 –, les soutiens métalliques actuels seront retirés quand les arbres pourront mutuellement se supporter (Figure 7.20).

Lorsque le concepteur a reçu le « prix de la Recherche courageuse » 2016 du Bade-Wurtemberg, il a précisé que le courage était plutôt du côté de son directeur de thèse, qui lui avait laissé la liberté d'explorer ce sujet ! Depuis, il applique la même philosophie à ses étudiants : « Un chercheur doit être autorisé à quitter les sentiers existants. Je voudrais identifier les personnes qui découvrent de nouveaux rivages et leur donner la liberté de partir, avec le risque que certains soient naufragés. »

Des projets de plus grande envergure, comme le Klimopass, ont été commandés par le ministère allemand de l'Environnement, du Climat et de Gestion de l'Énergie. L'avantage des constructions envisagées serait de bénéficier « gratuitement » et écologiquement de l'activité végétale, fournissant de l'ombre, du bon air et une régulation hydrique optimale.

Leur inconvénient majeur est la durée des chantiers correspondants puisqu'il faut, patiemment, attendre que les végétaux finissent le travail… Cet inconvénient est contourné par la création de murs végétaux, sortes d'exosquelettes de plantes plaqués sur des façades pour les rendre à la fois esthétiques et plus écologiques, dont un exemple emblématique est la « peau verte » du musée du quai Branly à Paris, conçue par Patrick Blanc, pionnier en la matière.

Flora robotica

Le projet européen Flora Robotica, coordonné par l'université de Lübeck en Allemagne et rassemblant architectes, biologistes, roboticiens et informaticiens, a pour objectif d'organiser une communauté de robots et de plantes naturelles capable de produire à terme des habitats et même des villes « bioniques » entières [250].

Il s'agit là d'une collaboration résolument symbiotique entre plantes et robots, chargés de construire de futurs complexes d'habitation. Les robots sont organisés en échafaudages équipés de capteurs et sur lesquels vont pousser des plantes grimpantes formant des toits, des murs ou des bancs. Ces robots sont chargés d'apprendre à contrôler en conséquence la croissance de ces plantes. Lorsque celles-ci se dirigent dans une mauvaise direction, les robots les plus proches en chargent d'autres de les éclairer de

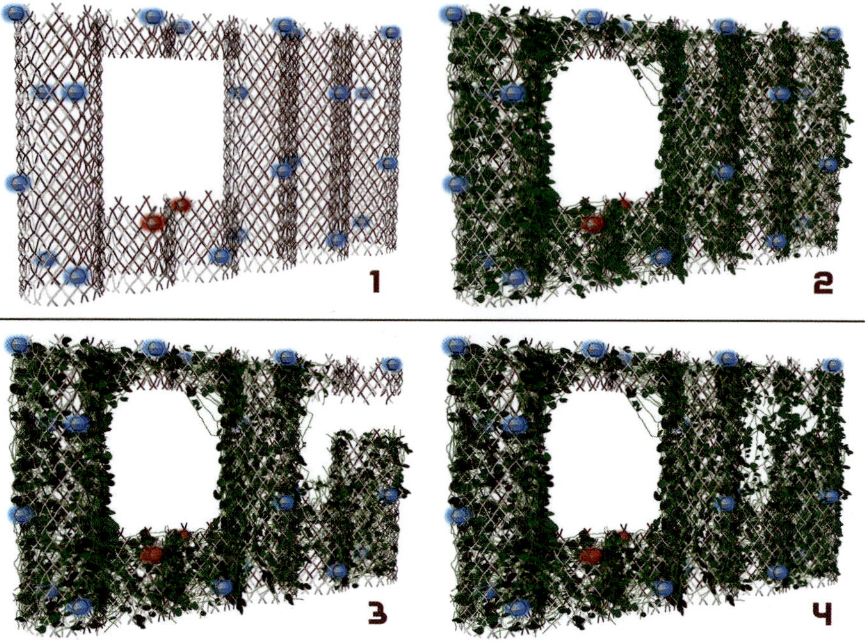

7.21 Les quatre étapes du développement d'une façade Flora robotica, de (1) l'échafaudage en fibre de verre et robots à (4) la réalisation finale, lorsque les plantes ont été constamment réorientées par les robots. © EU H2020 FET project flora robotica.

lumières adéquates afin de les inciter à changer leur parcours. De leur côté, les plantes soutiennent et contrôlent ces robots en supportant leur poids dans les phases de croissance (Figure 7.21).

Tout ce petit monde, humains, robots et plantes, est relié à Internet et constitue, selon les chercheurs, un « jardin social connecté » préfigurant les villes à l'horizon 2020...

Maisons organiques

D'anciens projets de même nature, comme la Fab Tree Hab, avaient été imaginés par des architectes et ingénieurs américains issus du MIT [71]. Ils visaient à faire pousser les habitations comme les éléments d'un écosystème naturel dont ils assuraient toutes leurs fonctions.

Dans le cadre de ce projet, les habitations sont entièrement composées d'éléments organiques. Les murs et le toit sont constitués d'arbres

7.22 Une Fab Tree Hab est conçue comme entièrement composée d'éléments organiques afin de vivre totalement en symbiose avec l'écosystème dans lequel elle aura poussé. © Mitchell Joachim, Terreform One.

vivants sans pesticides, dont la croissance est contrainte pour épouser des formes adéquates. Ils recyclent les dégagements de dioxyde de carbone et régulent l'humidité et la température par de l'eau qui circule et s'évapore. Une petite mare extérieure la recueille et la purifie. Tous les déchets, humains et autres, sont recyclés dans l'environnement (Figure 7.22). L'habitation vit ainsi totalement en symbiose avec l'écosystème dans lequel elle a poussé.

Souhaitons voir la concrétisation de ce projet dans les années à venir...

Des Maisons de la Terre, en revanche, ont été réellement installées à Dietikon, dans le canton de Zurich, par l'architecte suisse Peter Vetsch [140]. Qualifiées d'« organiques », ces maisons ondulées, construites en matériaux durables et écologiques, optimisent la collecte des pluies, la protection contre le vent et l'éclairage. Il en existe plus de 90 modèles dans le monde.

Archiborescence

Depuis près d'un demi-siècle, l'architecte belge Luc Schuiten milite pour une architecture organique en osmose avec le végétal. « Enfant, je rêvais d'habiter dans les arbres. Aujourd'hui, par la force de l'imaginaire, j'habite une cité arborescente et je reviens de moins en moins souvent par ici. Vous pouvez me croiser dans la rue mais ne vous y trompez pas, ce n'est qu'une

7.23 Un Habitarbre est une construction auto-suffisante utilisant des procédés bio-inspirés empruntés aux plantes et aux animaux. La cité des Habitarbres vise à éradiquer toute pollution terrestre, aquatique et aérienne. © Luc Schuiten, Cité Végétale.

apparence. Je suis ailleurs », déclare-t-il au cours d'une des nombreuses expositions qu'il réalise sur ses projets futuristes.

Il définit un « habitarbre » comme un logement entièrement constitué de matériaux biodégradables – protéines, biotextiles, structures végétales (Figure 7.23). C'est une construction auto-suffisante, sans aucune énergie fossile, utilisant des procédés bio-inspirés empruntés aux plantes mais aussi aux animaux, comme la bioluminescence des lucioles et la régulation thermique des termitières.

L'architecte enflamme notre imagination avec ses cités « archiborescentes », des ensembles futuristes dans lesquelles les humains cohabitent étroitement avec des éléments naturels, organiques et inorganiques [197, 198]. Ces villes sont, bien entendu, durables et visent à éradiquer toute pollution terrestre, aquatique et aérienne.

La Cité des Habitarbres croît dans un ensemble forestier et se fond dans cet écosystème. La Cité Lotus est plus particulièrement destinée à résister aux fortes intempéries en intégrant des surfaces hydrophobes inspirées des feuilles du lotus. Les toits de ses habitations pourraient s'ouvrir et se refermer pour évacuer les gaz domestiques par un système inspirés des pétales de cette même plante.

ArchiBioTiques

Vincent Callebaut, un autre architecte belge, s'est donné pour mission tout à fait louable de « réenchanter l'architecture ». Sa passion pour l'horticulture l'oriente vers une architecture verte. En 2008, il fonde un cabinet d'architecte à Paris qui a pour but de repenser la vie urbaine du futur, suite à l'explosion démographique et aux dérèglements climatiques [34].

Ses premiers plans, jugés trop audacieux, avaient provoqué l'incompréhension de ses confrères. Il a enfin gagné leur considération lorsqu'il a présenté en 2010, à l'Exposition universelle de Shanghai, le projet d'une ferme verticale en forme d'aile de libellule nommée Dragonfly.

Parmi ses réalisations, l'Agora Garden, la tour spiroïdale écologique inspirée de la molécule d'ADN, est d'ores et déjà construite à Taïwan. Elle insère 23 000 arbres absorbant environ 130 tonnes de dioxyde de carbone par an, capte et recycle les eaux de pluie et fabrique son énergie au moyen de 1 000 mètres-carrés de panneaux solaires.

Son projet Paris Smart City 2050 vise le même but, combattre le changement climatique [35]. Il concerne plusieurs quartiers. Les Tours-Montagnes, rue de Rivoli, conditionneront l'air urbain, les Tours-Antibrouillard de la Petite Ceinture seront dépolluantes, la Tour Montparnasse et sa façade bioalguée deviendra photosynthétique, les Tours-Bambou de l'Ensemble Massena seront thermodynamiques, les Tours-Ruches porte des Lilas abriteront des logements alvéolés énergétiquement solidaires, les Tours-Fermes de la porte d'Aubervilliers seront des fermes verticales, les Tours-Mangroves gare du Nord seront photosensibles, les Ponts-Paysagés et leur faune seront construits en amont et en aval de la capitale (Figure 7.24) !

Sa récente proposition de « verdissement » de la flèche de Notre-Dame, suite au terrible incendie d'avril 2019, remportera-t-elle tous les suffrages ?

« Le futur appartient à ceux qui croient à la beauté de leurs rêves[1] » cite l'architecte à la fin de la présentation de ses projets. Certains les qualifient déjà de « cauchemar verdâtre ». Cela ne rappelle-t-il pas la célèbre « protestation » des artistes contre une certaine Dame de Fer ?

1. Citation d'Eleanor Roosevelt.

7.24 Le projet Paris Smart City 2050 a pour objectif de combattre le changement climatique. © Vincent Callebaut Architectures.

Cependant le concept le plus fou – mais sans doute le plus visionnaire – de Vincent Callebaut est incontestablement celui des cités Lilypad, destiné à répondre à l'explosion imminente du nombre des réfugiés climatiques, notamment à cause de la montée des eaux, que l'on estime, à l'horizon 2050, à 250 millions de personnes ! Ce projet a d'ailleurs remporté le prix Architecture & Problématique de la Montée des Océans au concours que Jacques Rougerie – l'« architecte de la mer » français – organise chaque année dans le cadre de sa Fondation.

Les Lilypad sont des cités flottantes, autosuffisantes, avec un bilan d'énergie positif. Elles peuvent accueillir 50 000 habitants. Leur structure, inspirée de la fameuse feuille du nénuphar *Victoria amazonica* à l'échelle 250, est censée favoriser leur déplacement au fil de l'océan, selon les grands courants marins (Figure 7.25).

Leur coque végétalisée attire la faune marine et accueille des champs d'acquaculture subvenant aux besoins alimentaires des habitants. Leurs trois étages, dédiés respectivement aux bureaux, aux commerces et aux loisirs, comportent aussi des logements dont les balcons sont autant de potagers.

À qui appartiendront les Lilypad ? C'est la question que l'architecte renvoie imperturbablement à tous les dirigeants de la planète : « Il faut que le monde politique invente des nouveaux statuts pour ces migrants environnementaux que l'on va devoir déplacer pendant plusieurs mois d'un continent à l'autre »...

7.25 Une *Lilypad* est une cité flottante autosuffisante qui pourra accueillir 50 000 réfugiés climatiques et se déplacera au gré des grands courants marins. © Vincent Callebaut Architectures.

8 Fashion victime

Depuis quelques années, dans le cadre de démarches dites disruptives, les créateurs recourent à la bio-inspiration et à la biofabrication, utilisant notamment des champignons, des algues ou des végétaux afin de concevoir vêtements, objets quotidiens ou œuvres d'art. Pour les uns, ces démarches interrogent le vivant. Pour d'autres, elles forcent à mieux respecter les ressources naturelles.

1 Dressing végétal

Nous avons évoqué précédemment des tissus novateurs inspirés par les graines de margaritaria, le lotus, les pignes ou les stomates. Surfant sur la vague verte, des créateurs de bijoux et de vêtements ont été simplement séduits par une forme, un matériau ou un procédé particulier.

8.1 Le pendentif Diatomea est le produit de la modélisation et de la réalisation 3D de Brett Orams, d'après la diatomée *Asterolampra eximia*, planche 4 de Kunstformen der Natur, Ernst Haeckel, 1904. © Brett Orams.

Se recommandant d'une approche bio-inspirée, des bijoutiers ont copié le frêle squelette de diatomées – par exemple, *Asterolampra eximia* (Figure 8.1) – ou les couleurs changeantes des algues pour ciseler des parures qui portent le nom de leurs modèles naturels [172].

Demain se trouveront peut-être dans nos armoires des écharpes inspirées de feuilles de charme origami (Figure 8.2) ou des pullovers tricotés de nervures végétales délicates [63, 64].

Peut-être voudrons-nous plutôt porter des robes enduites de sucre censées attirer les insectes pollinisateurs [188], (Figure 8.3)

8.2 Une écharpe origami s'inspire des feuilles de charme. Elle se plie et se déplie facilement. © inhabitat.com.

8.3 Une promenade dans les jardins avec une robe pollinisatrice attire les insectes et favorise leur visite des autres plantes. © Karen Ingham.

ou revêtir un gilet en vraie mousse pour nous sentir en osmose avec la nature [86] ?

Ou bien préférerons-nous recycler totalement notre manteau en laine feutrée, porté en hiver et utilisé comme engrais au printemps [145] ?

On estime que l'industrie textile consomme environ 100 millions de tonnes de pétrole par an et contribue à une augmentation fulgurante du budget carbone. En réaction à ce constat, l'atelier BioCouture, fondé par Suzanne Lee en 2003, se distingue dans la fabrication de vêtements durables et compostables dans le sport et le luxe [22]. Son produit-phare est un tissu organique constitué de feuilles de thé vert, de sucre, de bactéries et de levure. Un pullover a été déjà conçu en cette matière.

Le procédé BioCouture vise à former directement des produits finis sans colorants, produits chimiques ou déchets. La façon dont il pourrait faire « pousser » des chaussures aux dimensions de leurs propriétaires grâce à des micro-organismes est l'objet de recherche en cours.

Le prix de la bio-inspiration végétale la plus surprenante revient sans nul doute à la designer israélienne Adi Marom. Sa petite taille l'a incitée à mettre au point les chaussures robotiques Short++ qui pourraient être inspirées des nasties du mimosa [203].

Grâce au contrôle de la taille des semelles au moyen d'un téléphone mobile, ces chaussures permettent de toujours se trouver à la hauteur de la situation. Pratique pour converser avec un interlocuteur trop grand, atteindre un produit sur une étagère de supermarché, voir parfaitement le défilé du 14 juillet ou éviter les promiscuités odorantes dans les transports en commun !

Bienfaiteur de l'humanité, Short++ aurait pu devenir le produit vedette de la rentrée, mais il n'a été créé que pour l'exposition Talk to Me du MoMa et la probabilité de le voir porté un jour reste proche de zéro...

2 Bio-Design

Des études ont montré que nous passons environ 80 % de notre temps à l'intérieur de bâtiments. L'idée est d'y faire pénétrer la nature par tous les moyens, car d'autres études indiquent une réelle amélioration de l'humeur des habitants lorsqu'ils ont accès à une vue sur la nature. Aussi, les démarches biomorphes et bioniques architecturales évoquées plus haut sont-elles également celles des créateurs contemporains [225].

Sièges fongiques et végétaux

La mycotecture du mycologue-artiste-designer-enseignant Philip Ross a été utilisée dans une construction biodégradable exposée au MoMa [1][191]. Elle est tellement légère et solide que l'inventeur en a fait aussi des chaises et des tabourets. Ces meubles sont ignifuges, compostables, isolants, non allergéniques, bref, ils ont toutes les qualités du mycélium. Un seul bémol, l'esthétique, mais le confort de ces sièges compense à lui seul leur aspect un peu rebutant...

En collaboration avec des chercheurs de l'université de Wageningen, les designers hollandais Eric Klarenbeek et Maartje Dros ont utilisé une matière similaire, en incluant du mycélium encore vivant dans l'encre d'une imprimante 3D. Ils ont ainsi conçu Mycelium Chair, une chaise sur laquelle des champignons *Ganoderma lucidum* ont germé (Figure 8.4) [163] ! Après avoir chauffé le meuble pour empêcher toute autre croissance, les designers ont laissé émerger quelques excroissances... à des fins décoratives, assurent-ils.

1. Voir le paragraphe « Comme des champignons » p. 126.

8.4 La Mycelium Chair a été construite en incluant du mycélium encore vivant dans l'encre d'une imprimante 3D. © Studio Klarenbeek & Dros, The Mycelium Project.

Dans le cadre du projet Labo Algues, ces mêmes designers prélèvent des algues dans la région d'Arles afin de produire des contenants de toutes sortes imprimés en 3D.

Le Soft Seat de la designer hollandaise Lilian van Daal pourrait, lui, s'inspirer des couches superposées des pelures d'oignon [210]. Constitué de matière entièrement recyclable et aussi souple qu'un siège rembourré, ce meuble sert à démontrer que, contrairement aux sièges classiques, sa fabrication ne nécessite pas cinq ou six processus différents, parfois déportés dans autant de centres de traitement.

Entrelacs, pliages et origamis

Bancs et chaises entremêlant leurs bois, tables que supportent des structures aussi minces et résistantes qu'un tronc et ses racines... Ces réalisations de l'Argentin Pablo Reinoso (Figure 8.5), du Canadien Rob Southcott et de l'Américain Scott Cawood aspirent en effet à refléter la nature dans notre quotidien [19, 229, 234]. Bien que certains soient entièrement recyclables, leur esthétisme prévaut sur leur durabilité.

8.5 Le banc « Spaguetti » aspire à refléter la nature dans notre quotidien. © Courtesy Carpenters Workshop Gallery.

8.6 La table auto-portante origami se dresse en soulevant simplement son centre.
© Wood-Skin/MIT Self Assembly Lab.

C'est à la designer et enseignante russe Albina Basharova que l'on doit l'esthétique Fiori Divano, inspiré du lys violet *Longiflorum*. Lorsque ce divan ouvre ses « pétales », son « pistil » devient une liseuse et il se transforme ainsi en une méridienne où il fait bon se plonger dans un livre [75].

Si le mode de dépliage correspondant est peu biomimétique, d'autres réalisations s'inspirent plus directement du principe de l'origami qu'exploitent les végétaux comme les animaux

La table origami du créateur Nils Frederking, par exemple, présente le grand avantage de pouvoir se plier dans un espace restreint d'une épaisseur d'environ 20 centimètres [224]. De même, 22 de ses chaises origami n'occupent qu'un mètre-carré.

Le partenariat entre le Laboratoire d'Auto-Assemblage du MIT et l'entreprise Wood-Skin, productrice d'un matériau origami en bois aussi souple qu'un tissu, a donné lieu à la création d'un panneau de bois et de textile qui, d'un geste très simple, se transforme en une solide table autoportante (Figure 8.6) [173].

« Hacker » les plantes ?

Peut-on, sans dommage pour elles, « hacker » les plantes pour les utiliser à notre profit à des fins plus ou moins ludiques ? Sont-ce des atteintes à la « dignité » des végétaux, selon les termes de la Commission fédérale d'Éthique suisse ? Voilà des questions auxquelles les « informatico-botaniciens » auront sans doute à répondre bientôt ! Les dispositifs suivants permettent d'amorcer les débats futurs.

Au clair de la Plante

Plutôt que de poser sur une table bio-inspirée une lampe en forme de fleur ou d'artichaut, pourquoi ne pas poser la plante elle-même ?

La Plantalámpara, imaginée par des enseignants et des étudiants de l'université d'Ingénierie et de Technologie du Pérou, détourne l'énergie fournie par une plante afin d'allumer une lampe faible consommation [121]. Les nutriments organiques fournis par la photosynthèse sont rejetés par les racines, captés par des micro-organismes qui génèrent des électrons. Il suffit alors de planter des électrodes dans la terre entourant le végétal pour produire, en un jour, deux heures de lumière.

Ce dispositif autonome et durable est particulièrement utile aux populations vivant dans la forêt amazonienne.

La Living Light de la designer hollandaise Ermi van Oers, en collaboration avec la jeune entreprise Plant-e, opère selon le même procédé, sans alimentation électrique. Son autonomie est sensiblement égale à celle de la Plantalámpara [133]. L'artiste a le projet d'éclairer ainsi l'un des parcs de la ville de Rotterdam. Elle ne doute d'ailleurs pas que, dans un futur proche, des lampadaires pourront se connecter aux arbres et que des forêts pourront devenir des centrales électriques.

La BioPhotovoltaïque Moss Table est le résultat d'un projet mené à l'Institut de Manufacture de l'université de Cambridge [152, 192]. Il s'agit de démontrer qu'un objet hybride alliant du naturel – ses 112 pots de mousses – et de l'artificiel – des cellules photovoltaïques alimentées par l'énergie végétale – peut être utilisé quotidiennement. Le prototype de table moussue ne peut encore alimenter une lampe. Cependant ses concepteurs sont confiants dans la possibilité d'alimenter un jour un ordinateur pendant plus de 14 heures.

Un professeur de Génie chimique du MIT a franchi un pas décisif en rendant bioluminescente la plante elle-même !

De modestes feuilles de cresson, de chou frisé, de roquette ou d'épinard deviennent des plantes « nanobioniques » lorsqu'on leur incorpore, par immersion, des nanoparticules de luciférine, de luciférase et de co-enzyme A [119]. Ces produits diffusent dans les cellules au travers des stomates et la luciférase fait briller la luciférine, activée par la co-enzyme A, par le même procédé que celui qui illumine l'abdomen des lucioles.

8.7 La plante nanobionique Glowee éclaire l'ouvrage Paradis Perdu de John Milton grâce aux mêmes molécules que celles qui illuminent l'abdomen des lucioles. © Seon-Yeong Kwak/MIT.

Les plantes Glowee ainsi traitées – de façon non toxique, affirment les concepteurs –, génèrent de la lumière pendant presque 4 heures (Figure 8.7).

Dans le futur, les chercheurs envisagent de remplacer le procédé d'immersion par une pulvérisation des nanoparticules, permettant ainsi de transformer de plus larges surfaces végétales en réverbères. En réponse aux détracteurs d'une telle méthode, supposée polluer l'air ambiant, ils soulignent qu'elle est beaucoup plus simple et respectueuse de l'environnement que le recours aux OGM...

Philharmonique

Grâce au groupe d'artistes américains Data Garden, toute plante peut désormais exprimer aussi son talent musical grâce à l'appareil MIDI Sprout [59]. Celui-ci fonctionne comme un psychogalvanomètre, autrement dit un détecteur de mensonge. Des électrodes posées sur les feuilles enregistrent les micro-changements de leurs champs électriques, tout comme elles enregistrent ceux de la peau des humains lorsqu'ils expriment des émotions diverses[1] (Figure 8.8). Les modulations continues de ces micro-changements sont transformées par ordinateur en notes, générant une musique qui, d'après les artistes, exprime l'état interne de la plante.

Avec ce principe, les auteurs ont conçu Quartet, une installation au sein du Philadelphia Museum of Art, permettant aux visiteurs de découvrir la musique générée par quatre plantes tropicales « compositrices » : un philodendron « dirige » un synthétiseur, un schefflera « créé » des sons rythmés, un autre « joue » de la basse et un sansevieria « produit » des effets d'ambiance. Leurs productions électriques sont interprétées par des algorithmes afin de générer des sons agréablement perçus par l'oreille humaine.

Reflets de leur état interne, les modulations sonores de ces plantes se sont révélées très sensibles à la proximité d'humains comme à l'incidence d'ondes électromagnétiques provenant d'antennes de radio parfois éloi-

8.8 L'appareil MIDI Sprout fonctionne comme un « détecteur de mensonges ». Il enregistre les micro-changements des champs électriques de la plante et les transforme en une musique censée exprimer son état interne. © Data Garden.

1. Ces micro-changements des champs électriques de la peau humaine sont nommés réactions électro-dermales (RED).

gnées. Selon les artistes, cette installation pourrait donc clarifier l'influence de stimuli externes sur les plantes, stimuli que l'on ne sait à ce jour précisément identifier.

« Hacker » une mezzo-soprano ?

Et si, à l'inverse, l'humain était « hacké » par... des algues ? Les designers anglais Michael Burton et Michiko Nitta ont franchi ce pas dans leur œuvre lyrique *The Algae Opera* [8].

La mezzo-soprano, interprète de cette composition musicale chantée en japonais ancien, est équipée d'un masque-coiffe diaphane. Celui-ci récupère le dioxyde de carbone qu'elle expire en chantant, ce qui favorise la croissance d'algues situées dans les réservoirs de la partie arrière du dispositif (Figure d'ouverture du chapitre).

Selon les créateurs, la capacité pulmonaire d'un artiste d'opéra est parfaite pour la croissance des algues. La cantatrice a dû cependant repenser sa technique vocale en poussant jusqu'à l'extrême – et presque jusqu'à épuisement – sa production de CO_2. Plus étonnant encore, la partition impose des fréquences de notes et différents timbres de voix censés influer sur le goût des algues. Ainsi, l'un des deux actes de l'opéra serait propice au développement d'algues amères et l'autre à celui d'algues sucrées !

Car ces productions sont destinées à nourrir le public. Après quelques représentations, elles atteignent un volume suffisant pour être récoltées. Un chef intervient alors dans le spectacle pour préparer des sortes de sushis. Ils sont offerts aux spectateurs dans des plats blancs, pour la saveur amère, et roses, pour la saveur sucrée.

Ainsi, s'enthousiasment les designers, « les mélomanes consomment directement le talent de l'artiste » !

Se non è vero...

9

Retour vers le futur

L'histoire des sciences est un éternel recommencement. En 1755, Linné avait osé déclarer que les plantes pouvaient dormir [128]. En 1880 Charles Darwin démontrait l'étendue insoupçonnée de leurs mouvements [55, 56]. En 1907, Maurice Maeterlinck attribuait aux fleurs de l'intelligence [139], à l'instar de Francis Darwin – le fils – exposant en 1908, dans un Congrès, la forme primitive d'intelligence végétale qu'il pensait avoir décelée [57]. Au début du XXe siècle, le naturaliste autrichien Raoul Heinrich Francé soulignait la sensibilité singulière des plantes [78], leur « psychologie » [79] et évoquait pour la première fois les inspirations technologiques qu'elles pourraient susciter [77].

Près d'un siècle après l'oubli – intentionnel ou pas – de ces idées subversives, celles-ci ont été exhumées et remises en lumière par le professeur à l'université de Florence Stefano Mancuso et le professeur à Bonn František Baluška. Ils ont en effet fondé en 2005 le laboratoire international de Neurobiologie végétale (LINV), dédié à l'étude scientifique de la signalisation et du comportement des plantes[1]. Le botaniste français Francis Hallé, spécialiste des forêts tropicales, appuie cette démarche nouvelle [95, 96]. En 2013, Mancuso publie sur ce sujet, avec la journaliste Alessandra Viola, un best-seller traduit en plus de vingt langues – dont on notera qu'il a fallu attendre cinq ans avant qu'une version française ne soit publiée [141]. Récemment, le succès de la « vie secrète » des arbres révélée par l'ingénieur forestier allemand Peter Wohlleben a réanimé l'intérêt du public pour les forêts [244]. Citons aussi la contribution de remarquables séries télévisées sur les « aventures » ou les « vies privées » des plantes [13, 178].

Depuis, il n'est plus tabou d'étudier chez les plantes des propriétés que l'on croyait réservées aux animaux. Des perceptions assurées par plusieurs centaines de récepteurs chimiques, tactiles, électriques, lumineux, magnétiques ou thermiques, des potentiels électriques proches de ceux des animaux, des mouvements réalisés sans le métabolisme spécifique des cellules musculaires, des apprentissage et mémorisation sans neurones, sont autant de sources d'inspirations prometteuses [40, 60, 142]. L'adaptation étroite des végétaux au monde fournit également des idées audacieuses aux roboticiens et aux « geeks » les plus inventifs.

1. Cet intitulé du laboratoire a irrité bon nombre de neurobiologistes, réfutant l'analogie avec une discipline dédiée aux animaux porteurs, eux, de petites cellules grises.

1 Super-héros

Des innovations en effet très « geeks » ont été motivées par les perceptions ciblées, les formes appropriées ou les capacités de stockage illimitées des végétaux.

Wonder-épinard

Tout comme d'innocents cafards, pigeons ou rats avaient été transformés en animaux bioniques pour explorer des endroits dangereux ou des lieux dévastés par des tremblements de terre[1], des scientifiques du MIT ont modifié des épinards pour détecter des dangers [245].

Cette autre technique de « hacking », nommée par les chercheurs « nanobionique végétale », consiste à introduire des nanoparticules dans la plante, via ses stomates, afin de lui conférer des fonctions qu'elle n'a pas à l'origine. Un exemple en a été donné plus haut à propos des plantes Glowee.

La fonction que les chercheurs ont voulu produire – la détection de TNT ou de gaz neurotoxiques – exploite les fines analyses chimiques qu'un épinard[2] effectue dans le sol. Dans son quotidien en effet, grâce à son réseau racinaire, il y prélève constamment des échantillons, y détecte les molécules bénéfiques ou nocives et diffuse les résultats de ses analyses jusqu'aux feuilles. Lorsque les molécules intéressant les chercheurs sont présentes dans le sol, des nanotubes de carbone incorporés dans les feuilles émettent un signal fluorescent que peut détecter une caméra infra-rouge. Cet appareil peut alors envoyer un message d'alerte à un téléphone portable. À ce jour, ce signal n'est détectable qu'à un mètre de la plante, mais les chercheurs étudient le moyen d'augmenter cette distance.

Cette technique futuriste nanobionique a été également appliquée à la détection de polluants divers, ainsi qu'à la prévision des épisodes de sécheresse, que les végétaux, par leurs racines, peuvent percevoir bien avant d'en être atteints et donc, bien avant nous [72] !

---

1. Voir *Poulpe fiction*, Dunod 2014.

2. L'épinard a été choisi dans cette expérience mais, d'après les chercheurs, elle est possible avec n'importe quel végétal.

Feuillages 4G

Bientôt nous serons nous-mêmes équipés de dispositifs relevant en temps réel nos données physiologiques ou des paramètres de notre environnement afin d'améliorer notre qualité de vie. Dans ce but, de nouveaux réseaux sans fil dits « centrés sur la personne » ont émergé, nécessitant de nouvelles antennes, plus efficaces et plus discrètes, susceptibles d'être intégrées dans le textile de nos vêtements.

Des ingénieurs se sont tournés naturellement vers des modèles d'antennes parfaites, en l'occurrence les feuilles et les pétales.

Des formes optimales ont pu être générées par la formule mathématique de Gielis, brevetée sous le modeste nom de « Superformula » [85]. Elle permet de reproduire très simplement de nombreuses formes complexes trouvées dans la nature, à deux ou trois dimensions (Figure 9.1). Professeur à l'université d'Anvers et fondateur de la société Genicap, Johan Gielis a ainsi proposé plusieurs formes d'antennes de taille réduite, agissant sur une grande distance et à un coût très faible (un centime d'euro pièce !).

9.1 L'algorithme Superformula de Gielis permet de reproduire très simplement de nombreuses formes complexes trouvées dans la nature, à deux ou trois dimensions. Il est utilisé pour tester plusieurs formes d'antennes de taille réduite pour réseau mobile, agissant sur une grande distance et à un coût très faible. © Johan Gielis.

Au-delà d'applications possibles à des vêtements connectés, des chercheurs brésiliens ont voulu créer des antennes spécifiquement adaptées au réseau 4G de leur pays.

Ils ont comparé l'efficacité des formes d'antennes à trois ou quatre folioles à celle, carrée, d'une antenne conventionnelle. Il apparaît alors que la forme trilobée présente de meilleures performances et que, pour la même efficacité, elle occupe beaucoup moins de volume que la forme carrée [205].

Dans un travail plus récent, ces mêmes chercheurs ont conçu, avec la super-formule de Gielis, des antennes pour systèmes 2G à 4G inspirées des feuilles du *Ginkgo biloba*, d'*Inga eludis* ou de la fleur de jasmin. Ils ont déterminé ainsi les solutions les meilleures selon les bandes passantes explorées.

Vegetal Center

La quantité pléthorique d'informations générée par les centaines de millions d'internautes à travers le monde est pour l'instant stockée dans les fameux Data Centers gigantesques situés aux États-Unis, en Amérique du Sud, en Europe et en Asie. Actifs 24 heures sur 24, ils ont un bilan carbone déplorable et sont très gourmands en énergie, à cause notamment de leur climatisation.

Malgré des efforts constants pour limiter ces défauts, l'impact écologique de ces dispositifs de plus en plus nombreux reste navrant. L'objectif des chercheurs de l'université de Maribor en Slovénie, titrant leur article : « Comment stocker Wikipedia dans un arbre de la forêt » paraît alors incroyable [134] ! Remplacer des Data Centers par des Vegetal Centers remédierait à tous ces inconvénients.

Par une technique déjà mise en œuvre depuis quelques années, un texte traduit informatiquement en suites binaires de 0 et de 1 peut être codé sous forme d'une molécule d'ADN synthétique, elle-même caractérisée par une suite de bases nommées Adénine (A), Thymine (T), Cytosine (C), Guanine (G). Ainsi, l'utilisation des règles de correspondance 00 → A, 10 → C, 01 → G et 11 → T traduirait la suite binaire du mot « fleur », qui est

« 01 10 01 10	01 10 11 00	01 10 01 01	01 11 01 01	01 11 00 10 »
f	**l**	**e**	**u**	**r**

en la suite de bases du brin d'ADN suivant :

« GCGC GCTA GCGG GTGG GTAC ».

Par cette technique, l'ensemble des sonnets de Shakespeare et le fameux discours «*I have a dream*» de Martin Luther King ont pu être codés et – plus important encore – décodés avec 100 % de succès.

Une fois la molécule d'ADN produite, encore faut-il l'introduire dans le noyau d'une cellule et ne pas déranger la machinerie correspondante. De nombreuses techniques, dont les techniques OGM, parviennent à ajouter de l'ADN dans les chromosomes de cellules. Lorsque la molécule est insérée dans la première cellule formant la plante en devenir, l'information de départ se répand dans toutes les cellules nouvellement produites. Ainsi un arbre est-il censé contenir exactement la même information dans toutes ses feuilles.

Cette molécule d'ADN intruse perturbera-t-elle la croissance et la survie de la plante ? En aucun cas, assurent les chercheurs ! Il faut rappeler en effet que seules 10 % des molécules d'ADN humaines font tourner nos machines cellulaires, les 90 % restant ayant un rôle non encore précisément défini. Ce type d'ADN dit «non codant» pourrait cependant avoir des effets à plus ou moins long terme sur cette intégration.

Après avoir codé et décodé avec succès le message «*Hello World*» dans un plant de tabac, les chercheurs slovènes envisagent, comme future application, le codage des 4,4 millions d'articles du Wikipedia anglais qui, codés en 0 et 1, correspondraient à 42 GB d'informations[1]. Tout le savoir de ce Wikipedia pourrait tenir dans la graine donnant naissance à un arbre forestier – un réceptacle qui a toutes chances de durer beaucoup plus longtemps qu'un disque dur. Pour retrouver les informations correspondantes, il n'y aurait qu'à cueillir une feuille de cet arbre et la décoder avec un petit lecteur portable.

Selon les défenseurs de ce projet, il n'est alors pas déraisonnable d'imaginer que toutes les connaissances du monde puissent tenir dans une forêt. En la replantant sur tous les continents, elle pourrait être répliquée et distribuée sur toute la planète.

Les molécules d'ADN résistent extrêmement bien dans le temps, cependant elles peuvent être dégradées par des facteurs extérieurs, comme des

1. Un Gigabyte (GB) correspond au contenu d'information d'environ 4473 livres de 200 pages ou de 1650 CD

rayonnements ultraviolets, ou par des mutations spontanées. De plus, on a récemment découvert que les branches d'un même arbre pouvaient comporter des feuilles au patrimoine génétique différent de celui de la graine initiale et que ces patrimoines pouvaient se transmettre dans les graines produites par ces branches.

Il est à craindre alors que, pour préserver la mémoire de l'humanité, la fiabilité des Vegetal Centers s'avère plus problématique qu'initialement prévu...

2 Robotanique

Depuis quelques années, dans le domaine de la robotique, les inspirations animales, y compris humaines, sont légions [90, 91]. Les nombreux animats[1] et humanoïdes issus des laboratoires et des entreprises ont donné lieu à d'importantes innovations, en termes d'augmentation des connaissances sur le vivant comme en termes d'applications originales.

Ces développements ont longtemps négligé les végétaux. À la suite, notamment, des travaux du laboratoire de Florence, la place des plantes dans le monde des robots a changé et un intérêt particulier est maintenant attaché à leurs principes de fonctionnement originaux.

Danse avec les plantes

Le robot-plante le plus ludique est conçu par les chercheurs du laboratoire de Recherche robotique de l'université nationale de Chonnam, en Corée du Sud [103]. Il s'agit d'une plante artificielle de 1,30 mètre de haut et de 40 centimètres de large qui prend l'apparence d'une inflorescence de roses de Sharon. Comme une plante naturelle, elle émet de l'oxygène et de l'humidité et, de plus, elle dégage un parfum subtil.

Fabriquée en silicone et en alliage à mémoire de forme, elle peut se mouvoir. Ainsi, à l'illumination d'une pièce, à la diffusion d'une musique,

1. Un *animat*, contraction d'« animal artificiel », est un robot dont les fonctions sont inspirées de celles des animaux. Ce terme a été popularisé par la série de conférences internationales intitulée « Simulation of Adaptive Behavior : From animals to animats ». http://www.scholarpedia.org/article/Animat.

à l'approche d'une personne ou à l'intensité de sa voix, les boutons de la plante s'épanouissent ou se referment, sa tige tremble comme sous le vent et la plante entière effectue quelques «déhanchements» – à défaut de quelques pas de danse!

Conscient de l'aspect plus ornemental que fonctionnel de son dispositif, le responsable du projet, précise qu'il représente simplement « une nouvelle tentative d'introduire le concept des plantes, plutôt que des humains ou des animaux, dans la fabrication de robots ».

La même idée est exploitée par le dispositif «PlantDisplay», une plante naturelle connectée à un PC par des universitaires de Keio au Japon [180]. Elle est en effet censée réagir à nos émotions! De petits fils de nylon, actionnés par un servo-moteur dissimulé dans le pot, sont accrochés à ses tiges. Munie d'un microphone et d'un capteur de mouvement, la vraie plante réagit alors à nos éclats et à nos humeurs. Ses réactions motrices de satisfaction, de joie ou de colère sont préprogrammées, allant d'un doux balancement à un tremblement intempestif. Un message expliquant la signification de chacune de ces réactions est heureusement affiché sur l'écran, au cas où ses seuls mouvements ne nous suffiraient pas à comprendre ce que notre ficus favori pense de nous...

Quant à la technologie « Botanicus interacticus », développée par le laboratoire Disney Research, elle transforme de vraies plantes en périphériques informatiques – tout comme une souris, un clavier ou une imprimante.

L'originalité de cette technologie est qu'elle n'est absolument pas invasive pour le végétal, car il suffit de planter une électrode dans la terre de son pot. De simples touchers de sa tige ou de ses feuilles produisent des potentiels électriques que le dispositif traduit en images sur un écran ou en sons variés (Figure 9.2). Ces informations permettent ainsi d'évaluer la quantité de contacts tactiles ou de visualiser les mouvements d'une main le long de la plante. Des végétaux différents produisent des images et sons différents.

Quelle est l'utilité d'une telle technologie? Pour le moment, d'obtenir un joli succès dans les expositions, comme la Siggraph 2012 Emerging Technology Exhibition de Los Angeles...

Green Cyborg

C'est par ce terme un peu (trop) emphatique qu'une équipe de roboticiens du MIT Media Lab qualifie Elowan, leur créature mi-plante mi-robot

9.2 La technologie Botanicus Interacticus transforme de vraies plantes en périphériques informatiques – tout comme une souris, un clavier ou une imprimante. Elle n'est pas invasive pour le végétal, il suffit de planter une électrode dans la terre de son pot. © Disney.

(nommée ainsi d'après l'alien végétal du jeu Starflight) [195]. L'intention de ces chercheurs est de concevoir une plante « augmentée », c'est-à-dire dotée de capacités littéralement extra-ordinaires qu'aucune autre ne possède, en l'occurrence ici la faculté de se déplacer en fonction de ses besoins vitaux (Figure 9.3).

La plante est placée sur un dispositif robotique à roulettes. Des électrodes placées sur les feuilles, sur la tige et dans le sol captent les très faibles potentiels électriques générés par la plante en réaction à différents facteurs environnementaux. Le robot les amplifie et s'en sert pour détecter le moment où la plante a besoin de luminosité. Il active alors ses actionneurs et roule en direction d'une source lumineuse.

Les plantes pourraient ainsi « dialoguer » avec leurs robots connectés afin de rechercher les meilleures conditions de survie. Nul besoin donc de trouver l'emplacement idéal des plantes d'appartement, elles déambuleront parmi les pièces, comme les occupants du lieu !

Les chercheurs reconnaissent toutefois que leur étude n'est qu'une « tentative de démonstration de la non-passivité des plantes », car elles seraient aussi capables, assurent-ils, de prendre les commandes d'une machine...

9.3 Elowan est un hybride plante-robot capable de se diriger vers la lumière de façon autonome. (a)-(b) Un changement de lumière isotrope n'a aucun effet. (c)-(d) La plante se déplace vers la lumière de droite. (e)-(f) Elle se déplace vers la lumière de gauche. © Harpreet Sareen : CC-BY 4.0.

Ni muscles, ni nerfs !

Une récente tendance de la robotique est la « robotique molle » (*soft robotics*), visant à concevoir des robots avec des matériaux et des mécanismes souples et élastiques. L'objectif est de les rendre moins dangereux pour les utilisateurs, peut-être moins onéreux, et surtout déformables, afin de pouvoir adapter leur morphologie à des tâches différentes.

L'un des écueils dans ce domaine émergent est de générer des actions sans moteurs métalliques lourds. Les roboticiens sont donc particulièrement intéressés par les multiples façons dont les plantes se meuvent et cela, sans métabolisme des cellules musculaires et sans aucun nerf, contrairement aux animaux [76, 147].

RobOrigami

Les pliures origami des feuilles de charme ou des bourgeons se répandent aussi dans le monde des robots.

Ainsi des chercheurs de l'université de Munich et du MIT ont conjointement conçu des micro-créatures plates capables de se déplier puis de marcher, nager, creuser, pousser ou transporter de petites charges et ce, sans aucun moteur [160].

Constitués de PVC, sans batterie, pesant 0,31 gramme, mesurant 1,7 centimètre-carré et équipés d'un aimant, ces mini-robots se contractent lorsqu'ils sont exposés à la chaleur et se déplacent à 4 centimètre par seconde en suivant un champ magnétique qui leur est imposé (Figure 9.4).

Une version « kamikaze », constituée de polystyrène, peut se désagréger en se plongeant dans un bain d'acétone. Cette particularité ouvre la voie à de nombreuses applications dans le domaine médical, par exemple lorsque ces types de robots, œuvrant dans notre corps pour le soigner à des endroits très précis, pourront s'autodétruire par un moyen non nocif pour l'organisme une fois la tâche accomplie.

9.4 Les mini-robots origami du MIT sont capables de se contracter pour marcher, nager, creuser, pousser ou transporter de petites charges sans utiliser le moindre moteur. Ils se déplacent en suivant un champ magnétique imposé. © Computer Science and Artificial Intelligence Laboratory, MIT.

HygRobot

Des chercheurs de différents départements de l'université nationale de Séoul en Corée du Sud ont décidé d'investiguer – d'après leurs propres termes – « les stratégies de mobilité ingénieuses » des graines capables de s'enfouir elles-mêmes dans le sol par des mouvements divers, sans aucun muscle bien entendu [202].

Les chercheurs ont jeté leur dévolu sur la graine de *Pelargonium carnosum* et observé que son enfouissement était facilité par le redressement rapide de son fouet en spirale, créant ainsi une poussée sur le sol. En effet ce fouet s'enroule en hélice à la chaleur et se déroule à l'humidité (Figure 9.5). C'est l'humidité absorbée par seulement l'une des deux couches de cellules du fouet qui provoque ce mouvement hygroscopique.

De petits HygRobots, constitués de deux couches de nanofibres, l'une absorbant l'humidité, l'autre non, se déplacent ainsi à un rythme... de sénateur (Figure 9.6). Placés sur une surface humide, leur couche absorbante se

9.5 Une graine de *Pelargonium* peut « s'auto-planter ». Son fouet s'enroule en hélice par temps sec (à gauche). Par temps humide, pendant qu'il se redresse (à droite), la graine tourne sur elle-même et s'enfonce dans le sol comme une vis. © W. Jung, H.-Y. Kim, Seoul National University/W. Kim, Sogang University

9.6 Les HygRobots se déplacent, sans aucun moteur, par des mouvements hygroscopiques inspirés des graines de *Pelargonium*. © Beomjune Shin and Ho-Young Kim, Seoul National University.

gonfle et bombe les robots. Puis, en séchant rapidement, elle les aplatit. Elle se trouve alors de nouveau au contact d'une surface humide et se gonfle. C'est l'alternance de ces mouvements qui permet aux robots de ramper lentement.

Afin de démontrer son potentiel, un HygRobot imbibé d'antibiotique a été déposé sur une culture de bactéries. La traînée désinfectée qu'il laisse derrière lui augure bien de l'avenir de ce type de robots qui pourrait, sans aucune batterie toxique, déposer des médicaments ou chasser des cellules malades dans notre corps !

RoboNastiques

D'autres versions robotiques s'inspirent des nasties des plantes carnivores, notamment ceux de la dionée, la Vénus gobe-mouche. Rappelons-le, la fleur déclenche en quelques secondes une première fermeture de son piège lorsqu'elle reçoit deux stimulations sur ses poils sensitifs[1].

Dans le but de capturer des insectes, le robot-Dionée de l'équipe de l'université de Séoul, en Corée du Sud, se présente sous la forme d'une coquille en polymère renforcé de fibres de carbone (PRFC) dont le bas de chaque lobe est muni, à l'instar des poils sensibles, d'un petit ressort en métal à mémoire de forme [116]. Les deux ressorts se contractent lorsqu'un objet les effleure, fermant ainsi les lobes devenus concaves. Le piège s'ouvre à nouveau sous l'effet d'un léger courant électrique, rendant aux ressorts leur forme spiralée d'origine (Figure 9.7).

1. Voir le paragraphe « Piège de Vénus » p. 105.

Une autre version de ce piège, proposée par une équipe du département d'Ingénierie mécanique de l'université du Maine, est constituée de deux fines membranes de polymère métallique couvertes de nano-excroissances sensibles [201]. Lorsqu'un insecte touche l'un de ces nano-senseurs, un courant électrique est généré au niveau de la nervure médiane, ce qui a pour effet d'envoyer des charges électriques opposées vers chacune des deux membranes. Elles s'attirent alors l'une l'autre et referment le piège.

Voilà qui devrait convenir à Ecobot II[1], le robot autonome de l'université de Bristol, qui produit sa propre énergie avec des mouches mortes digérées dans ses piles bactériennes. Jusqu'à présent, le robot dépendait de la bec-

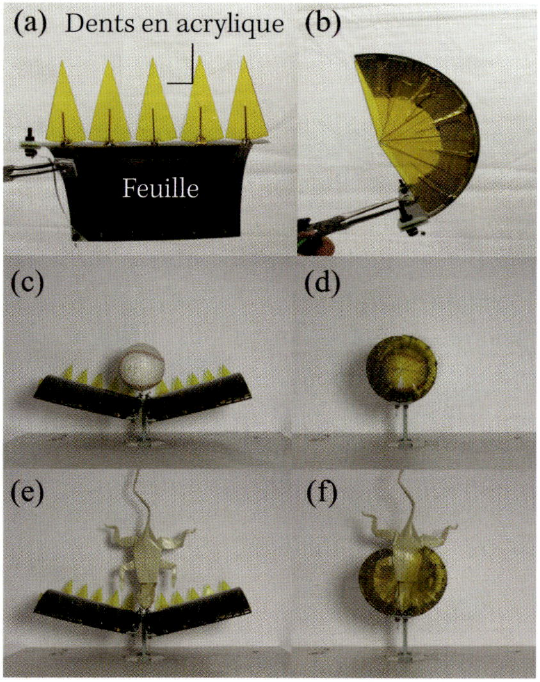

9.7 Le robot Flytrap coréen se compose de deux lobes en polymère renforcé de fibres de carbone au bas desquels se trouve un petit ressort à mémoire de forme. Muni de « dents » en acrylique (a et b), il passe de convexe à concave pour capturer une balle (c et d) ou un lézard (e et f)… en papier. © Biorobotics Laboratory at Seoul National University

1. Voir *La Bionique*, Dunod 2008 et *Poulpe fiction*, Dunod 2014.

quée que lui donnaient ses concepteurs, huit grosses mouches lui permettant de rouler – pas très rapidement – pendant une douzaine de jours. Avec de tels dispositifs, il pourra enfin chasser lui-même ses proies favorites !

À l'évidence, quelques matériaux métalliques sont encore présents dans ces réalisations, et même s'ils deviennent assez discrets pour alléger considérablement l'équipement mécanique des robots, ils ne conviennent pas totalement à l'exigence de conception des robots mous.

Avec son micro-robot Flytrap, le groupe de recherche Smart Photonic Materials de l'université de Technologie de Tampere, en Finlande, corrige cette imperfection [239].

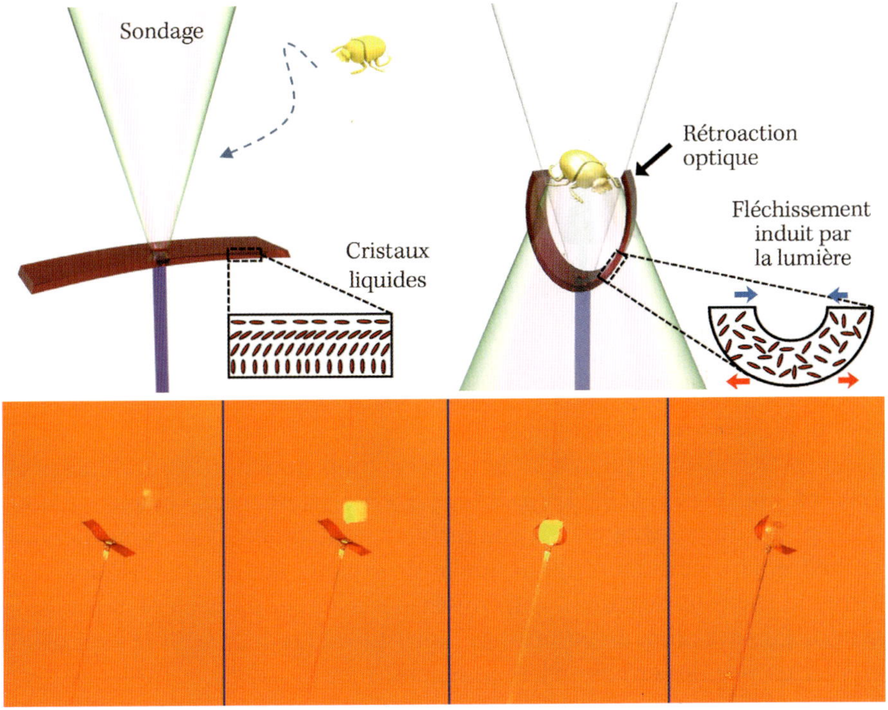

9.8 Le micro-robot mou finlandais Flytrap (schéma de principe en haut et dispositif réel en bas) utilise un préhenseur optique servant à attraper les objets réfléchissant la lumière. L'objet peut peser des centaines de fois le poids de l'élastomère qui compose le robot.
© Smart Photonic Materials Group, Tampere University.

Il utilise essentiellement un préhenseur optique servant à attraper les objets réfléchissant la lumière (Figure 9.8). Ce dispositif est composé d'une petite bande d'élastomère cristallin liquide de moins de 1 centimètre, collée au bout d'une fibre optique envoyant de la lumière bleue. Lorsqu'un objet réfléchit cette lumière, cette dernière déclenche des changements d'orientation des cristaux liquides et produit de la chaleur dans la bande, ce qui provoque son fléchissement brusque. Elle emprisonne alors l'objet, qui peut peser parfois des centaines de fois le poids de l'élastomère. La bande se déplie et libère sa proie lorsque la lumière est éteinte.

Bien qu'il ne prétende pas imiter point par point le comportement de la Vénus gobe-mouche[1], ce micro-robot mou serait très utile pour effectuer des contrôles de qualité dans les chaînes de production, en repérant les changements de réfraction de la lumière causés par les défauts de certains produits.

Robotropiques

Des tropismes, orientant les plantes vers des facteurs déterminés, inspirent les concepteurs de robots prospecteurs. L'haptotropisme ou thigmotropisme des plantes grimpantes, répondant à la stimulation tactile d'un tuteur, et le gravitotropisme positif des racines, « attirées » par la gravité, fournissent de parfaits modèles.

Les premiers pas du « robot-grimpeur » de l'université Libre de Bozen-Bolzano en Italie s'inspire de la passiflore [49]. Cette étude préliminaire a porté tout d'abord sur la façon dont les vrilles de cette plante cherchent un support, l'agrippent et s'enroulent pour gagner de la hauteur, tout en minimisant leur dépense énergétique.

La section d'une vrille de la fleur révèle deux couches dissemblables de cellules, appelées G-cells. L'hypothèse que les chercheurs veulent démontrer est que deux mécanismes concurrents contribuent à son enroulement en hélice, la contraction différentielle de chaque couche de cellules et la force de traction aux deux extrémités de la vrille. Ils veulent reproduire aussi le fameux point de perversion[2], lieu plat où les deux hélices supérieure et inférieure et de sens contraire se rencontrent.

---

1. Il est cependant démontré que le mécanisme de la fleur est aussi sensible aux infrarouges. Par ailleurs, il existe déjà un modèle d'actionneur fonctionnant par pression osmotique.

2. Voir « Vrilles perverses » p. 30.

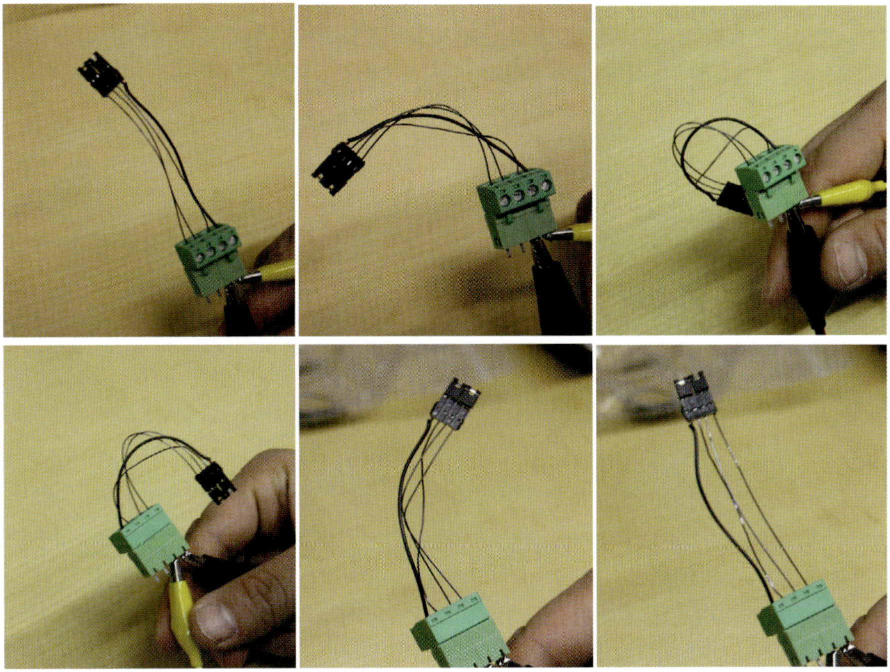

9.9 Le comportement du « robot-grimpeur » italien imite la façon dont la vrille de la passiflore cherche un support, l'agrippe et s'y enroule pour gagner de la hauteur, tout en minimisant sa dépense énergétique. © Faculty of Science and Technology of Bozen-Bolzano.

Avec un prototype en alliage à mémoire de forme, les chercheurs ont pu valider leur hypothèse en répliquant les principaux comportements de la vrille, comme la préhension par enroulement et la traction. Insistant sur le grand intérêt pour la robotique de poursuivre de telles inspirations végétales, les auteurs reconnaissent cependant que leur dispositif reste encore, à ce jour, bien loin d'atteindre les sommets (Figure 9.9)...

En revanche, le robot « vrille » de l'Institut italien de technologie réussit parfaitement à s'élever en s'enroulant autour d'un tuteur, ce mouvement étant aussi réversible (Figure 9.10). Il est constitué d'un tube flexible rempli d'un liquide électriquement chargé. Un léger courant induit son extension. C'est l'arrêt de ce courant qui provoque l'enroulement du tube autour du tuteur. Ce robot simule ainsi les mouvements osmotiques que l'on suppose être à

9.10 Le robot « vrille » simule les mouvements osmotiques que l'on suppose être à l'origine des mouvements spiralés de la passiflore. © Istituto Italiano di Tecnologia.

l'origine de ces mouvements de vrille. Il sera perfectionné en étant équipé de divers capteurs dans le cadre du projet européen Growbot [162, 206].

Les tentacules d'un poulpe et les reptations d'un serpent avaient déjà inspiré des robots prospecteurs[1], mais ce qui rend le dispositif suivant, inspiré d'une plante grimpante, tout à fait original, c'est qu'il croît pendant qu'il explore !

Soft-Robot, le « robot-explorant-en-croissant », mou et pneumatique, est conçu par deux équipes américaines de Californie [98]. En se développant, il vise à atteindre des endroits inaccessibles ou dangereux. Il se présente comme un tube dont toute une longueur de la membrane en polyéthylène est initialement enroulée à l'intérieur, à la manière d'une chaussette repliée sur elle-même. L'envoi d'air dans ce tube permet de développer son extrémité à vitesse élevée et même de contrôler la direction de ce développe-

1. Voir *Poulpe fiction*, Dunod 2014.

9.11 Le Soft-Robot explorateur est capable de croître afin d'atteindre des endroits difficiles d'accès pour, par exemple, éteindre un « incendie ». © Elliot W. Hawkes.

ment en jouant sur la quantité d'air envoyée dans les deux chambres que contient le tube. Ainsi davantage d'air envoyé dans la chambre inférieure fera pousser le robot vers le haut. Selon les chercheurs, ce principe rappelle le mode de croissance des tubes pollinisateurs ou de diverses racines.

L'ajout d'une caméra à l'extrémité du tube permet d'orienter le développement du robot vers un objectif particulier. Il lui a été ainsi possible de franchir des surfaces collantes ou parsemées de clous, de se faufiler dans un trou minuscule pour atteindre un feu et de l'éteindre en soufflant (Figure 9.11), de rejoindre sans aucun support une lumière haut placée, de parcourir un labyrinthe et même de soulever une caisse de 100 kilos en se glissant dessous.

Plantoïd

Le premier – et, à ce jour, le seul – robot-plante capable de développer ses propres racines est celui du Projet Européen Plantoïd, coordonné par l'Institut Italien de Technologie de Pontedera [150, 151, 193]. Il a deux objectifs : l'un, fondamental, vise à accroître les connaissances sur la croissance des racines, leur mode de communication et leurs « prises de décision » collectives ; l'autre, appliqué, vise à explorer les sols à la manière des racines, afin de détecter la présence de nutriments, de minéraux, d'eau, de contaminants ou, plus généralement, de percevoir les conséquences d'une mauvaise gestion humaine.

Les innombrables dispositifs de forage utilisés à ce jour sont lourds et puissants, ce qui pose le problème de les équilibrer lorsqu'ils creusent à la verticale, ainsi que celui de limiter l'échauffement qu'ils génèrent. D'où l'intérêt potentiel de mettre au point des dispositifs robotiques plus légers qui pourraient s'avérer complémentaires des précédents en identifiant des zones « saines » où creuser plus profond ensuite.

Des solutions bio-inspirées ont déjà été expérimentées, fondées sur les techniques d'enfouissement des guêpes ou des palourdes mais, selon les concepteurs de Plantoïd, les techniques racinaires seraient beaucoup plus efficaces pour sonder les sols. Les plantes sont en effet, de façon vitale, tributaires de tous les composants qu'elles y trouvent et il a été démontré que leurs racines, en évitant les obstacles, s'orientent préférentiellement vers de bons nutriments et s'éloignent ostensiblement des produits polluants. D'après les travaux les plus récents, les systèmes racinaires seraient de véritables « centres de décision » pour tout événement concernant les végétaux, comme la reproduction, les réserves, la fabrique d'éléments toxiques, etc. [47, 142].

C'est le *méristème*, une zone de croissance située à l'extrémité de la racine, qui s'enfonce dans le sol, que ce dernier soit dur ou meuble. Les cellules de cette zone se renouvellent constamment, mais la couche la plus externe « pèle », de sorte qu'elle garde une taille constante.

Le méristème est, de plus, protégé par la *coiffe*, sécrétant le mucigel, une sorte de mucus facilitant le forage. La coiffe est un véritable capteur de gravité, car elle permet à la racine de s'enfoncer, indépendamment de l'angle sous lequel la plante pousse en surface. De plus, elle est également sensible à d'autres informations, thermiques, hydriques, minérales, organiques, ainsi qu'à des champs électriques et à la pression atmosphérique – une liste non exhaustive !

Au-dessus du méristème se trouve la *zone d'élongation*, « simple » étirement des cellules allongeant la racine, puis la *zone pilifère*, où poussent de nombreux poils augmentant la surface d'absorption pour drainer l'eau et les sels minéraux, et enfin la *zone subéreuse*, sur laquelle poussent des radicelles.

Selon Stefano Mancuso et František Baluška, les millions de coiffes présentes dans le plus petit système racinaire guident la croissance des racines en tenant compte des divers besoins, parfois contradictoires, de la plante entière. Les chercheurs singularisent en particulier une zone dite *de transition*, située entre le 1er et le 2e millimètre de la coiffe, siège de fortes activités électriques et de consommation d'oxygène [141].

Fabriqué avec une imprimante 3D, le robot Plantoïd est un petit arbre en plastique à l'intérieur duquel est logé un ordinateur (Figure 9.12). Ses feuilles sont des capteurs de chaleur, de pesanteur, d'humidité, de contact et de divers produits chimiques. Ses racines sont « actives », car elles s'allongent en fonction des informations reçues par leurs « coiffes », en évitant ou en étant attirées par certains stimuli.

Les recherches portent particulièrement sur la partie racinaire du robot. La pointe d'une de ses racines est mobile et équipée de plusieurs microcapteurs pour la rendre sensible au toucher, à l'humidité, à la gravité et à la température. À l'instar du méristème végétal, c'est la seule partie qui se développe tout en s'enfonçant dans le sol, grâce à l'ajout de matériau thermoplastique sur certaines de ses parois au moyen d'une micro-imprimante 3D. Ce dispositif démontre que le forage effectué par ce robot-racine ne provoque aucune friction dans le sol. De plus, l'unité de contrôle située à son extrémité assure son attraction vers des stimuli positifs (gravité, haute concentration d'eau) et son évitement de stimuli répulsifs (trop de chaleur). Elle assure également la recherche de compromis entre l'utilisation des différentes ressources rencontrées.

Le projet poursuit parallèlement l'étude des communications entre les racines et la partie aérienne de la plante. Les scientifiques se focalisent notamment sur trois propriétés essentielles du système correspondant : l'existence d'une voie rapide par laquelle les nutriments sont transportés rapidement des racines à la pousse ; la répartition des éléments nutritifs entre les organes en fonction de leur besoin ; la constitution de « mémoires » locales dans différents tissus qui stockent ainsi des informations sur leur état nutritionnel. Le robot correspondant est équipé de trois racines absorbant des nutriments fictifs et d'une racine chargée de les redistribuer. Comme son modèle végétal, chaque racine contrôle sa direction de croissance vers les nutriments les plus nécessaires et régule le taux de leur absorption.

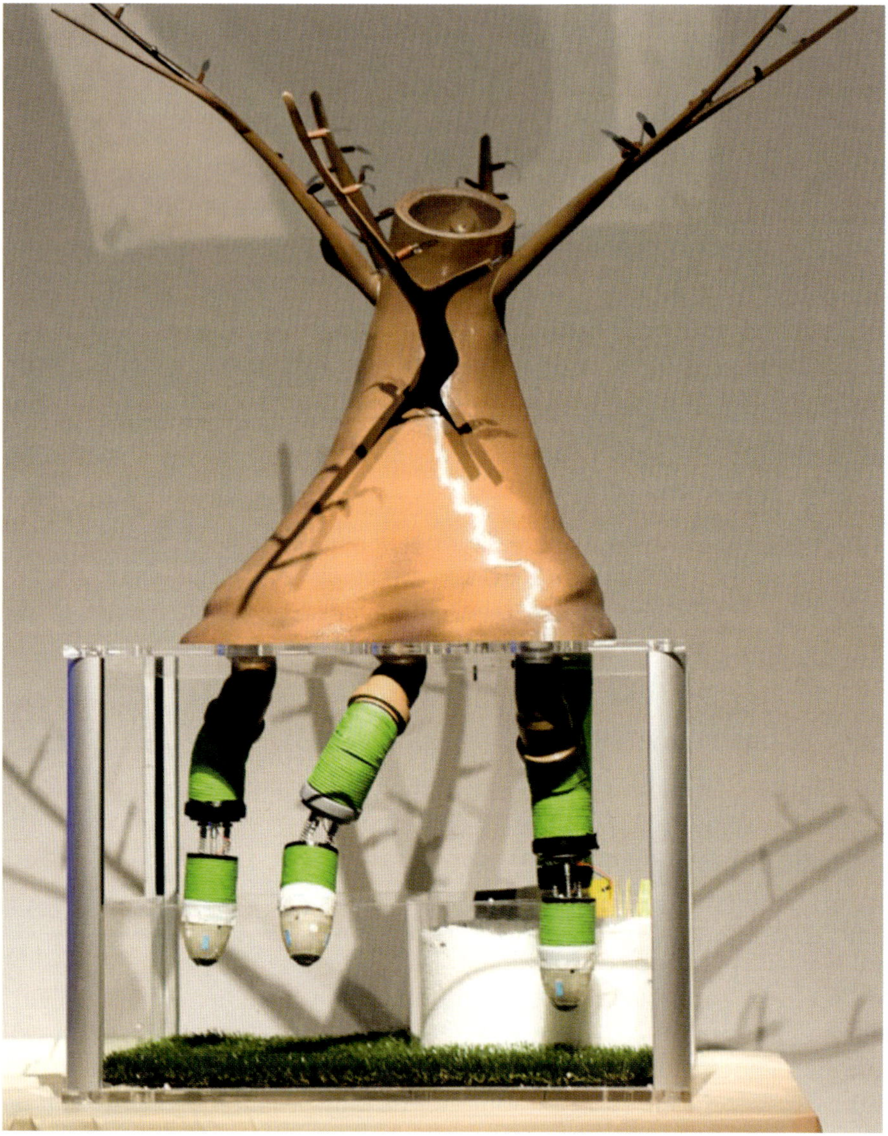

9.12 Le forage effectué par la racine droite du robot Plantoïd ne provoque aucune friction dans le sol expérimental. L'unité de contrôle située à son extrémité recherche un compromis entre son attraction vers des stimuli positifs (gravité, haute concentration d'eau) et son évitement de stimuli répulsifs (trop de chaleur). © Center for Micro-Biorobotics, Istituto Italiano di Tecnologia at Pontedera.

À partir de résultats acquis, les chercheurs proposent l'hypothèse d'une « prise de décision en essaim » à l'issue de laquelle s'effectue une redistribution optimale des nutriments dans la plante entière, sans qu'il y ait besoin d'une unité centralisée coordonnant la répartition des tâches entre les racines [18]. Chaque racine fonctionne indépendamment des autres et les priorités de redistribution globale ne dépendent que d'informations locales. Cela lui permet de croître au meilleur rythme, usant de compromis entre son gravitotropisme et l'exploitation de ses ressources.

Ce mode de fonctionnement – déjà évoqué à propos de l'Arbre à Vent – fait référence à celui des insectes sociaux, bâtissant des habitats complexes sans architecte et organisant une société sans dirigeant. Il a inspiré le domaine prolifique de la « robotique en essaim », dans lequel il est amplement démontré que des systèmes composés de plusieurs petits robots n'ayant que des informations locales sont, dans certaines tâches, beaucoup plus efficaces et plus robustes qu'un seul robot doté de toutes les intelligences artificielles.

C'est une grande première, cependant, d'appliquer ce principe de robotique en essaim à un robot-plante. Pourtant les végétaux en seraient les représentants modèles ! Ce ne seraient pas, comme les animaux, des individus, c'est-à-dire des êtres indivisibles. L'absence d'organes leur permet d'être bouturés, élagués et de repousser après arrachage. Il faudrait plutôt les considérer comme des colonies, à rapprocher des sociétés d'insectes [141]. Voilà qui peut ouvrir de nouvelles perspectives à une robotique végétale réellement bio-inspirée !

D'autres robots Plantoïd sont déjà en cours de développement, en vue de surveiller les sols agricoles, de sonder des organes comme le cerveau par endoscopie « intelligente » ou d'organiser l'arrimage de navettes spatiales par prise de décision collective.

3 Cognition sans neurones

Botanica Informatica

Les stratégies adaptatives des plantes, mises en place sans utiliser le moindre neurone, offrent des perspectives exaltantes. Elles inspirent notamment aux chercheurs l'idée d'une informatique « non-conventionnelle », fondée sur des méthodes de calcul originales et le traitement d'une information sans silicium, durable, biodégradable, limitant les dépenses énergétiques et thermiques[1].

Un inventaire à la Prévert...

Nous avons déjà rencontré dans cet ouvrage des algorithmes informatiques inspirés des plantes, comme les L-System inspirés de la croissance des végétaux et la super-formule de Gielis, capable de générer de multiples formes naturelles.

Les algorithmes non-conventionnels ont une autre vocation, car ils aspirent à trouver de façon plus fiable et plus rapide les meilleures solutions à des problèmes caractérisés par de multiples objectifs à atteindre, assortis de multiples contraintes à respecter. Les plantes leur fournissent des modèles nouveaux, elles qui ont pour objectifs de croître, de fabriquer de la nourriture, des fleurs, des fruits, des graines, de résister au chaud et au froid, etc., en respectant des contraintes, parfois contradictoires, de maximisation des ressources et de recherche de conditions climatiques favorables. De nombreux algorithmes de ce type ont été conçus par analogie avec des stratégies animales, car on a pu voir déjà « fleurir » des programmes inspirés par le comportement des bactéries, des fourmis, des lucioles, des abeilles, des sauterelles, des poissons, des grenouilles, des coucous ou des chauves-souris.

Ceux qui promettent un renouvellement complet des concepts en la matière sont maintenant inspirés des stratégies végétales. Parmi ces derniers, conçus par des équipes chinoises, britanniques et américaines, on peut distinguer, en un inventaire à la Prévert [58, 113] :

- l'algorithme *Croissance des Racines Végétales*, qui s'avère particulièrement performant pour résoudre divers problèmes d'optimisation. Dans la mesure où la résolution de ces problèmes revient à explorer un espace de solutions possibles et à s'arrêter lorsqu'une solution satisfaisante – sinon la meilleure – a été trouvée, l'idée est venue d'explorer cet espace à la manière dont les plantes développent leurs racines pour explorer le sol. L'algorithme correspondant s'inspire notamment du caractère adaptatif et parfois aléatoire de leurs comportements sous

1. Citons notamment la création, en 2005, de l'International Center of Unconventional Computing à l'université de l'Ouest de l'Angleterre.

l'effet de nombreux tropismes, en simulant notamment le rôle de l'auxine dans la sélection de nouveaux points de croissance et du nombre des ramifications [129] ;

- l'algorithme *Arbre Artificiel*, qui s'inspire des mécanismes de croissance des arbres pour explorer l'espace des solutions, optimisant à la fois la position et l'épaisseur de leurs branches. Il repose sur la simulation conjointe des processus de photosynthèse, de phototropisme et de géotropisme, ainsi que sur un opérateur de dominance apicale assurant qu'une branche principale croit plus vite que ses ramifications [126] ;
- l'algorithme *Plante Artificielle*, qui repose sur les choix stratégiques qu'une plante est capable d'effectuer lorsqu'elle utilise les produits de la photosynthèse, soit pour croître, soit pour fabriquer de la nourriture, en fonction de la disponibilité des ressources. Cet algorithme est notamment appliqué à des problèmes d'analyse de structures moléculaires [53] ;
- l'algorithme *Pollinisation des Fleurs*, qui s'inspire des divers choix, souvent contradictoires, qu'effectuent les plantes pendant leur période de reproduction, en fonction de la disponibilité des ressources. Leurs objectifs sont d'être fécondées par le vent, les insectes ou les oiseaux, d'éviter de s'autoféconder, de fabriquer des graines, de les disperser. Cet algorithme s'est avéré performant pour résoudre des problèmes de génie civil ou de gestion de l'énergie [17] ;
- l'algorithme *Fraisier*, qui imite la stratégie de propagation des stolons des fraisiers, ces longues tiges sortant de la plante-mère qui, lorsqu'ils touchent terre, s'enracinent et donnent lieu à un nouveau plan. L'hypothèse est qu'ils ne s'enracinent pas au hasard, mais qu'ils optimisent la survie de l'espèce. L'algorithme fonctionne avec la même stratégie, fabriquant des stolons plus courts ou plus longs selon des conditions environnementales plus ou moins favorables. Cela revient à comparer deux solutions plus proches ou plus lointaines dans l'espace des solutions possibles précédemment évoqué. Cet algorithme a servi à améliorer les procédés de purification du chlorobenzène [233] ;
- enfin, l'algorithme *Nervures de Feuille*, qui simule la formation des feuilles et la circulation d'eau dans leurs nervures. Il est destiné à mieux comprendre la formation des systèmes fluviaux, des réseaux de neurones ou des tumeurs malignes [114].

9.13 L'investigation des propriétés électriques des racines de laitue a pour objectif de savoir si elles peuvent servir de conducteurs et même de transistors. © Andrew Adamatzky, 2014.

Ordi-légume

Plus récemment encore, des chercheurs contribuent à l'avènement d'un ordinateur végétal, dont les circuits seraient composés d'éléments organiques.

Se passer du silicium, matériau de base des puces électroniques, est le Graal de tout concepteur d'ordinateur. C'est la miniaturisation de ces puces qui pose problème, à cause d'interactions électroniques parasites et d'une trop grande consommation d'énergie. Aujourd'hui, les puces comportent quelques milliards de transistors sur une surface de la taille de quelques dizaines d'atomes. L'américain Summit, l'un des plus puissants super-ordinateurs du monde, contient des puces capables d'effectuer 200 millions de milliards d'opérations par seconde[1]. Il faudrait un plein temps de 6,3 milliards d'années à une seule personne pour être aussi performant !

Pour constituer un ordinateur végétal, il faudrait :

- que les plantes soient aussi capables que le silicium d'agir comme des transistors et semi-conducteurs, c'est-à-dire pouvoir transmettre un courant dans certains cas et pas dans d'autres ;

1. Sorti au début de l'année 2019, Summit risque fort d'être déjà détrôné lorsque vous lirez cet ouvrage. Quelques six mois plus tard, des physiciens de l'University of California à Santa Barbara, créateurs du calculateur quantique Sycamore, ont déjà effectué en 200 secondes un calcul nécessitant 10 000 ans sur un superordinateur classique…

- qu'elles puissent aussi effectuer les traitements de portes logiques, résultant de l'assemblage de plusieurs transistors, lesquels permettent de réaliser les opérations arithmétiques d'addition, de soustraction, de multiplication et de division ;
- qu'elles puissent enfin constituer des processeurs (ou puces), résultant de l'assemblage de nombreuses portes logiques, et occupant un espace suffisamment réduit pour contenir plusieurs milliards de transistors.

Or, il se trouve qu'à l'instar des ordinateurs les plantes peuvent traiter des informations complexes afin de s'adapter à un environnement toujours changeant. Elles sont capables de partager des informations avec d'autres plantes de la même espèce, des bactéries ou des champignons, tout en reconnaissant les multiples vecteurs de ces interactions, qu'ils soient biologiques, chimiques, physiques ou électriques, distinguant leurs durées, directions ou intensités ou les mémorisant pendant des heures, des jours, voire des années [170].

Les racines – et plus particulièrement leurs coiffes – semblent intégrer toutes ces informations tout en répondant à divers tropismes et, telles des processeurs d'ordinateur, elles semblent contrôler en retour les « actions » de la plante tout entière. Dès lors, la tentation est grande de chercher à exploiter ces capacités pour produire des ordinateurs végétaux et rechercher en quoi ils pourraient remplacer, ou simplement compléter, les ordinateurs traditionnels. Dans cette perspective, de tout premiers résultats viennent d'être obtenus et on sait maintenant que des plantes peuvent servir de conducteurs et même de transistors.

Faciles à isoler et à conserver pendant plusieurs années, les racines végétales sont devenues les cobayes préférés des chercheurs du Centre d'Informatique non conventionnelle de Bristol, associés à des collègues italiens, allemands et grecs [1, 5]. Leurs premières recherches portent sur les propriétés électriques des racines de laitue (*Lactuca sativa*) trois ou quatre jours après leur germination, et sur la façon de stabiliser les conducteurs qu'elles constituent (Figure 9.13).

Flower Power

De même, en infiltrant des polymères conducteurs dans le système vasculaire d'une rose *Rosa floribunda*, des scientifiques de l'université de Linköping et de l'université suédoise des Sciences Agricoles ont pu moduler ses propriétés électriques et la transformer en un dispositif de type transistor. On peut l'utiliser pour assurer certaines opérations logiques et afficher sur un écran d'ordinateur un signal numérique indiquant son état interne [216], (Figure d'ouverture du chapitre).

Pour l'instant, ce système, qualifié de Flower Power par ses concepteurs, vise à surveiller et contrôler la croissance des végétaux grâce aux informations qu'ils pourraient envoyer eux-mêmes aux agriculteurs en utilisant leur ordinateur interne.

Cet engouement récent pour transformer les plantes en calculateurs électroniques pourrait-il être motivé par le désir secret de « damer le pion » à une créature stupéfiante ? Il est vrai que les prouesses de ladite créature, *Physarum polycephalum* – ni champignon, ni végétal, ni animal –, peuvent épater plus d'un champignon, d'un végétal, d'un animal.

L'amibe prodigieuse

Nommée en 1822 « petite vessie à plusieurs têtes » par un mycologue américain, l'amibe *Physarum polycephalum* est un cas à part (Figure 9.14).

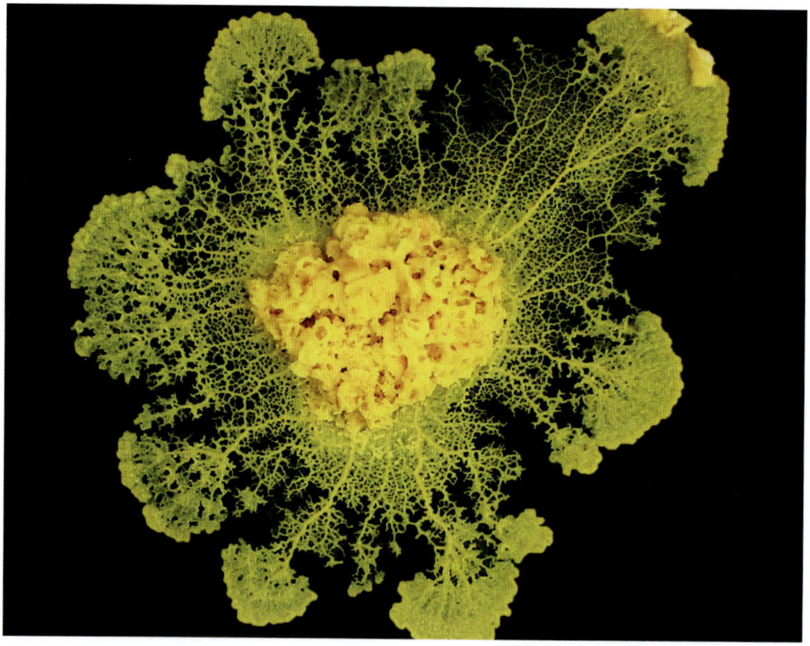

9.14 *Physarum polycephalum*, Blob de son petit nom. © Audrey Dussutour/CRCA/CNRS Photothèque.

Elle se reproduit comme un champignon, produit des pigments comme un végétal, se nourrit et se déplace comme un animal. Allez donc classer un tel organisme dans l'une ou l'autre de ces catégories [1]!

Des chercheurs du CNRS l'ont rendue populaire en lui donnant un petit nom : Blob, du nom de la créature qui narguait Steve McQueen en absorbant des humains dans le film éponyme de 1958 [62]. Cette créature ne s'attaque pourtant qu'aux bactéries et aux champignons des sous-bois. Sous forme d'une cellule géante aux multiples noyaux, tant qu'elle trouve suffisamment de nourriture, elle est capable de se déplacer d'environ 4 centimètres par heure (cas rare chez les non-animaux) et se protège de la dessiccation en excrétant un mucus. Lorsque la nourriture se raréfie, Blob s'immobilise et s'agrège en un sporange, une espèce de tige au bout de laquelle se forment des spores qui vont être expulsés loin de la zone occupée. Si cette zone est pauvre en nourriture, les spores attendent, parfois des années, des conditions favorables. Dans le cas contraire, elles germent et se rassemblent à nouveau en une cellule unique aux multiples noyaux.

Blob Rat

La surprenante faculté de déplacement de Blob – attirée par certains nutriments et repoussée par la lumière – est exploitée par de nombreux chercheurs pour évaluer ses capacités à résoudre des problèmes, à apprendre et à mémoriser, capacités que l'on croyait réservées aux animaux. Précisons que Blob ne dispose ni d'un système nerveux animal ni de racines végétales pour contrôler son comportement. Et pourtant…

Des chercheurs d'Hokkaido, pionniers dans l'étude comportementale de la « chose », ont proposé à *Physarum* de résoudre un problème de labyrinthe [166, 167]. Blob a d'abord étendu ses pseudopodes, des tubes protoplasmiques, dans tout le labyrinthe. Elle a ensuite régressé en un parcours optimal, se retirant de toutes les impasses, quand de la nourriture a été déposée à l'entrée et à la sortie du dispositif.

Ce travail a valu par deux fois à leur chef d'équipe le prix Ig-Nobel, que l'on attribue aux découvertes jugées surprenantes ou absurdes !

1. Il n'empêche que le Parc zoologique de Paris a récemment aménagé à *Physarum* un vivarium parmi les enclos dévolus aux animaux !

Blob VRP

Cela n'a pas empêché la même équipe, en collaboration avec des Britanniques, de continuer leur investigation des capacités cognitives de *Physarum* en lui soumettant un cas mathématique complexe, assez éloigné il est vrai de sa préoccupation quotidienne : le problème du voyageur de commerce.

Il s'agit, pour ce VRP, d'effectuer sa tournée en visitant un nombre fini de villes avant de revenir à son point d'origine. Pour cela il doit tenir compte de deux contraintes, parfois contradictoires : ne visiter chaque ville qu'une seule fois et minimiser la distance totale parcourue. Le nombre de trajets à examiner peut être faramineux : on estime par exemple que, pour 71 villes, ce nombre est équivalent à celui du nombre des atomes de notre univers !

Or, les solutions que propose Blob s'avèrent souvent meilleures que celles trouvées par les nombreux algorithmes mathématiques qui ont été développés pour résoudre ce type de problème.

On a, de même, confronté Blob à problème apparenté : celui qu'ont rencontré les ingénieurs ayant conçu le réseau ferré reliant Tokyo à 35 villes avoisinantes. La disposition de ce réseau est jugée particulièrement efficace en termes de coût d'exploitation et de capacités de réorganisation, suite aux pannes qui peuvent survenir sur tel ou tel tronçon. La performance que Blob devait effectuer dans une boîte de Pétri était de rechercher le meilleur réseau possible parmi les 5 166 573 983 193 072 464 833 325 668 761 600 000 000 trajets reliant les 36 villes proposées.

Quelques pincées de flocons d'avoine figuraient les villes, quelques endroits plus ou moins éclairés figuraient le relief. Au bout de 26 heures, Blob avait étendu ses pseudopodes de façon à établir un graphe qui s'est révélé très proche du réseau ferré réel (Figure 9.15).

Un succès comparable a été obtenu dans les applications concernant les réseaux routiers de la Chine, du Canada, de la Belgique et du Royaume-Uni, dans la recherche des voies de l'immigration mexicaine aux États-Unis, dans le développement des voies romaines dans les Balkans ou dans les scénarios de colonisation de la Lune ou de Mars.

Comment Blob procède-t-elle ? Dans un labyrinthe, un rat effectue de nombreux essais successivement. Il évalue donc ses gains en effectuant des bilans ponctuels. Blob, au contraire, pratique tous les essais simultanément. Elle distribue ainsi dans tout son « corps » et à tout moment la « connaissance » des différents résultats. Elle allonge ou rétracte alors ses tubes protoplasmiques en comparant les récompenses obtenues. La trace qu'elle laisse dans les endroits non-intéressants l'empêche d'y revenir.

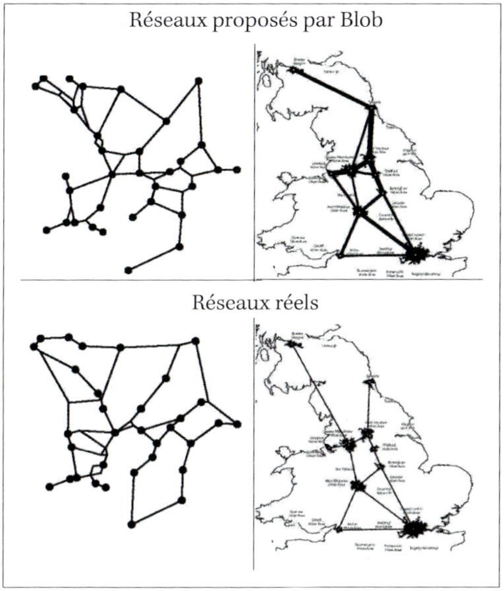

9.15 Les meilleurs réseaux que *Physarum* a générés, représentant le réseau ferré de Tokyo (en haut à gauche) et le réseau routier du Royaume-Uni (en haut à droite). En les comparant avec les réseaux réels (respectivement en bas à gauche et en bas à droite), contraints notamment par des coûts d'exploitation, on constate une troublante similitude.

Inspirés de la façon dont Blob a œuvré dans différentes recherches de solutions efficaces, de nouveaux algorithmes d'optimisation ont été élaborés [220, 226]. Ils ont été appliqués à la recherche de réseaux téléphoniques, au transport de marchandises ou de déchets, au rangement des entrepôts, au séquençage du génome, mais aussi à la façon de garantir la fiabilité de tests consacrés à de nouveaux médicaments, vaccins ou traitements cliniques.

Comparés à d'autres méthodes bio-inspirées plus anciennes – fondées, par exemple, sur l'observation de colonies de fourmis – les solutions de Blob s'avèrent plus efficaces lorsque les données sont volumineuses. À notre connaissance, des comparaisons n'ont pas encore été systématiquement réalisées avec les algorithmes-plantes cités précédemment.

PhyChip

La reconnaissance des performances de *Physarum* s'est concrétisée récemment dans le projet européen PhyChip, coordonné par l'université

West of England à Bristol, ayant pour but de démontrer que l'étrange amibe peut représenter un bon modèle pour l'ordinateur du futur [2, 3, 242] !

L'idée de base des concepteurs est qu'en association avec les composants électroniques conventionnels d'une puce hybride, *Physarum* pourrait améliorer radicalement les performances des circuits numériques et analogiques. Associée à un semi-conducteur organique, avec des entrées parallèles optiques et électrochimiques et des sorties optiques et électriques, l'amibe pourrait effectuer un large éventail de calculs et fonctionner à la manière d'un transistor ou de portes logiques.

Dans cet objectif, des chercheurs anglais ont voulu démontrer que *Physarum* – cellule sans système nerveux – partage néanmoins de nombreuses caractéristiques avec des neurones, en termes d'apprentissage. Ils ont notamment effectué une expérience dans laquelle *Physarum*, disposée sur une grille d'électrodes, a pu changer de morphologie en réponse à des stimulations électriques aversives et attractives. Un flocon d'avoine est disposé sur chacune des électrodes et de l'agar est disposé au centre, sur lequel *Physarum* est placée. Au départ, celle-ci connecte ses protoplasmes avec presque la totalité des électrodes. On applique alors des stimulations de haut voltage, aversives, et de bas voltage, attractives, entre une électrode gauche et une électrode droite, toutes deux choisies au hasard pour chaque expérience. On observe alors que les tubes protoplasmiques entre les électrodes que l'on stimule avec un bas voltage se maintiennent alors que les autres sont progressivement abandonnés (Figure 9.16).

Intitulée humoristiquement «*Post coitum omne animal triste est*», la conclusion d'un article scientifique d'Andrew Adamatzky, relatant les « Trente-huit choses à faire avec la moisissure vivante » dans des domaines aussi divers que la résolution de problèmes, la géométrie, l'informatique, l'électronique, la robotique, la production d'énergie et l'art, tempère cependant l'enthousiasme ambiant en soulignant certains défauts de la surprenante amibe [4] :

- Est-elle rapide ? Pas toujours, il faut attendre plusieurs heures ou plusieurs jours avant qu'elle ne délivre les résultats de certaines expériences.
- Est-elle fiable ? Non, souvent *Physarum* se comporte de façon capricieuse et ne fournit pas toujours la même réponse au même problème. Quelques essais ne peuvent donc en aucun cas valider une expérience.
- Est-elle sûre ? Pas vraiment, son taux moyen d'échec est de 30 %.

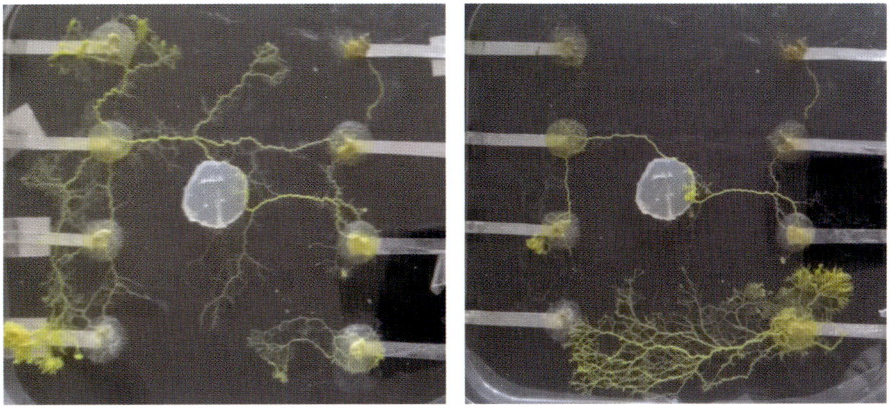

9.16 Les protoplasmes de *Physarum* peuvent changer de morphologie, suite à un apprentissage. Au départ, une culture de *Physarum* est placée au centre du dispositif expérimental, tandis que de la nourriture est disposée sur chacune des 8 électrodes entourant cette culture. (a) Au bout d'un certain temps, *Physarum* établit des connections avec certaines de ces électrodes. (b) Les connexions établies avec des électrodes que l'on stimule avec un bas voltage (stimulation positive) se maintiennent, alors que les autres, stimulées avec un haut voltage (stimulation aversive), sont abandonnées. Repris de Whiting, J. G., Jones, J., Bull, L., Levin, M., & Adamatzky, A. Scientific reports, 6, 19948, 2016, avec la permission d'Andrew Adamatzky.

Blob ne représente donc pas, même à long terme, un réel substitut au silicium des puissants ordinateurs. Cependant un succès ne se mesure pas toujours en termes de technologie. Pour l'auteur de l'article, confortant ainsi les espoirs des chercheurs de Bristol, l'amibe pourrait en revanche révolutionner la conception de dispositifs hybrides pour lesquels la vitesse de calcul compte moins que leurs capacités adaptatives, leur faible consommation d'énergie et – enfin et surtout –leur aptitude à s'auto-réparer !

La compétition entre puces-végétales et puces-moisissures peut donc sérieusement commencer, d'autant que, lorsque ces deux types de puces ont été confrontés à des expériences similaires, les plantes sont apparues plus robustes, plus résilientes, moins dépendantes des conditions environnementales et plus capables de survivre dans des conditions hostiles que la prodigieuse amibe, tout en conservant les qualités citées plus haut. En outre, l'étude de leurs réseaux de communication souterrains, formés par les racines, en association étroite avec des champignons, d'autres végétaux et même des microbiotes, pourrait ouvrir la voie à un concurrent d'Internet que l'on nomme déjà le « Wood-Wide-Web » [217].

ES SCHLIESSEN SICH AM NACHMITTAG · ES OEFFNEN SICH AM VORMITTAG ·
12
1
2
3
4
5
6
7
8
9
10
11
schließt sich
geht auf
schließt sich
Tigerblume, Lilium tigrinum
Gänsedistel, Sonchus oleraceus
Ringelblume, Calendula arvensis
Felsennelke, Dianthus prolifer
Mauseohr, Hieracium pilosella
Gauchheil, Anagallis arvensis
Wunderblume, Mirabilis jalapa
Sauerklee, Oxalis acetosella
Weiße Seerose, Nymphaea alba
Nachtkerze, Oenothera biennis
Roter Pippau, Crepis rubra
Weiße Seerose, Nymphaea alba
Graslilie, Anthericum liliago
Eiskraut, Mesembryanthemum
Ringelblume, Calendula arvensis
Gauchheil, Anagallis arvensis

Bouquet final

« Il y a plus de choses dans le ciel et sur la terre, Horatio, que n'en peut rêver ta philosophie ». C'est par cette citation de Shakespeare que nous terminions notre précédent ouvrage, exclusivement dédié à la bio-inspiration animale. Elle pourrait tout aussi bien clore celui-ci, tant les bio-inspirations végétales, déjà légion dans l'ingénierie, le médical, l'architecture, l'électronique, la robotique, l'informatique ou le design, laissent pressentir qu'il en reste un nombre encore bien plus important à découvrir.

Une démarche complémentaire…

Peu de propriétés animales et végétales peuvent être exploitées pour réaliser les mêmes fonctions. On peut citer cependant les couleurs sans pigments produites par un papillon et un fruit africain, les collectes d'eau communes à un scarabée et un cactus, le pouvoir adhésif extra-fort partagé par une moule et un lierre, l'efficacité de creusement d'une guêpe et d'une racine, la résistance aux chocs d'un pivert et d'un pamplemousse, l'« immortalité » caractérisant un tardigrade et une plante australe[1].

En revanche, cet ouvrage illustre combien les innovations inspirées des végétaux sont originales et complémentaires de celles inspirées des animaux. À l'évidence, les plantes constituent un terreau fertile et tout à fait singulier pour les innovateurs du futur [29, 183].

… mais dérangeante ?

Encore faut-il que ces innovateurs prennent suffisamment conscience du mode de vie des plantes, si drastiquement différent de celui des animaux !

En effet les plantes vivent, pour la plupart, dans deux environnements distincts, au-dessus et au-dessous du sol, ce qui nécessite la gestion de processus contradictoires, comme un gravitropisme négatif associé à un phototropisme côté pousse et un gravitropisme positif combiné à une pho-

1. La plupart de ces exemples de bio-inspiration animale sont décrits dans *Poulpe fiction*, Dunod 2014.

tophobie côté racines[1]. Manifestement, la recherche globale de compromis dans leur univers s'avère souvent particulièrement complexe et potentiellement riche d'enseignements.

Dotées, d'après des études récentes, de perceptions semblables à celles des animaux – vue, toucher, odorat, goût, audition –, les plantes en posséderaient bien d'autres, comme une sensibilité à l'hygrométrie, aux champs électromagnétiques, au vent, à la température, comme une capacité à anticiper les sécheresses et les tremblements de terre, ou comme la capacité à détecter et quantifier de nombreux produits chimiques, volatils ou non [40, 60]. Ces découvertes élargissent considérablement le champ des investigations, certaines ayant déjà été évoquées dans cet ouvrage.

Parce que les plantes sont sujettes à l'arrachage ou à la prédation, leurs perceptions et la plupart de leurs fonctions, comme leur alimentation ou leur respiration, ne sont pas concentrées dans des organes spécialisés, ce qui les rendrait trop vulnérables, mais réparties dans toutes leurs structures. Elles sont ainsi capables de s'auto-réparer – en maintenant leur intégrité quotidienne – et de s'auto-guérir -- en reconstruisant des tissus morts ou endommagés. Quelques applications ont déjà été inspirées par ces capacités, notamment celles de l'aristoloche, capable de réparer automatiquement les fractures de sa tige rigide [214]. Il a été suggéré plus haut que les plantes ne sont pas des « individus », c'est-à-dire des êtres indivisibles. Elles sont au contraire divisibles et, de ce fait, comparables non pas à un animal, mais à une colonie d'insectes sociaux [18]. La notion d'« intelligence en essaim » pourrait être étendue à une notion moins connotée d'« adaptation en essaim », où toute structure ou comportement émergeant d'une telle collectivité et s'avérant bénéfique pour la plante pourrait servir de modèle.

Enfin, le rapport des plantes au temps qui passe est tout à fait singulier. Rares en effet sont leurs mouvements perceptibles à notre œil nu. Pourtant tout est mobilité en elles, lors de la pousse des tiges, lors de la recherche d'un support, lors des dépliements d'un bourgeon ou d'une fleur, lors des repliements et déploiement liés au « sommeil » et au « réveil » des fleurs ou des feuilles, lors des réponses plus ou moins visibles aux tropismes et aux stimuli externes divers. Cette gestion du temps, incroyablement lente com-

1. Phénomènes déjà découverts en 1758 par Henri-Louis Duhamel du Monceau, physicien, botaniste et agronome français.

parée à celle de la majorité des animaux, pourrait être une conséquence de leur ancrage dans le sol. C'est l'hypothèse émise par Stefano Mancuso selon laquelle « les animaux ne résolvent pas les problèmes, ils les évitent », ayant développé des réactions rapides pour fuir les zones sans nourriture, chaudes, froides, humides ou infestées de prédateurs [142]. En revanche, les plantes font face à ces dangers potentiels en compensant leur impossibilité de se déplacer par une patiente analyse de très nombreux paramètres environnementaux, associée à une gestion décentralisée des prises de décision, gage de réponses bien adaptées à la situation.

En quoi cette gestion particulière du temps pourrait-elle inspirer des innovations performantes ? À notre connaissance, aucun programme de recherche ne s'est attelé à exploiter les effets d'une telle propriété.

Pour autant, les bio-inspirations animale et végétale conduisent déjà à des productions globalement positives. Ce n'est pas un hasard si elles sont si largement répandues dans les industries et laboratoires américains, anglais, allemands, suisses, hollandais et plus récemment asiatiques. Il y a quelques années nous écrivions qu'en France elles étaient encore peu exploitées. Malgré la création en 2015 du Centre européen d'Excellence en Biomimétisme à Senlis (Ceebios, [38]) et le dynamisme de ses partenaires, la « mayonnaise » tarde toujours à prendre au sein des industries et des centres de recherches de notre territoire. Pourtant, dès 2007, un rapport du Sénat avait qualifié cette démarche d'« une des boîtes à outils de la quatrième révolution industrielle ».

Une démarche vraiment bio-inspirée ?

Cependant, qu'elles soient d'inspirations animales ou végétales, les innovations ne sont pas toujours bien accueillies par les puristes du biomimétisme. Certains y voient l'occasion d'alimenter le productivisme, d'exploiter la nature en la défigurant, de générer de nouveaux besoins en matériaux et en énergie, de produire plus de déchets [42].

De fait, si le productivisme n'y est pas toujours recherché et si la nature n'est pas toujours exploitée pour de mauvaises causes, il reste que, souvent, les innovations bio-inspirées ne relèvent pas de la même « éthique » que celles que la nature met en œuvre, ce dont les recherches futures devront nécessairement tenir compte un jour.

À titre d'exemple, alors que nous recherchons sans cesse à produire et utiliser de nouveaux matériaux de base – les humains produisent environ 350 types de polymères synthétiques –, la nature n'en utilise que deux, les protéines et les polysaccharides.

Alors que nous recherchons plutôt à fabriquer des surfaces lisses et des structures parfaitement symétriques, la nature favorise les surfaces rugueuses, trouées, ou à la symétrie approximative.

Alors que nous recherchons généralement la solution optimale à un seul problème, la nature préfère des solutions justes assez bonnes (« good enough ») pour en résoudre plusieurs en même temps.

Il existe bien d'autres qualités dont la nature fait preuve et dont nous devrions nous inspirer, comme celles que cite la « papesse » de la démarche biomimétique, la biologiste américaine Janine M. Benyus, dans cet hymne tiré de son livre fondateur [21] :

« La nature fonctionne à l'énergie solaire ;
la nature utilise parcimonieusement l'énergie ;
la nature adapte les formes aux fonctions ;
la nature recycle tout ;
la nature encourage la coopération ;
la nature compte sur les expertises locales ;
la nature limite tout excès ;
la nature transforme les contraintes en opportunités. »

Alors que nous puisons abondamment dans les ressources énergétiques fossiles, la vie se maintient grâce à l'énergie solaire.

Alors que nous nous soucions très peu de nos dépenses énergétiques – car c'est en les augmentant que nous résolvons la plupart de nos problèmes techniques – les organismes vivants, eux, ont évolué en économisant l'énergie à tous les niveaux, structurels et fonctionnels.

Alors que leurs déchets servent d'aliments à d'autres espèces, nous accumulons nos débris non dégradables dans les décharges et les océans.

Si nous avons vu que de nombreuses réalisations architecturales inspirées par les plantes tendent plus ou moins à satisfaire aux contraintes du développement durable, on ne peut en dire autant de la plupart des autres produits décrits ici – quel que soit leur intérêt par ailleurs – notamment parce que leur mise au point et leur production ont été coûteuses en énergie et parce qu'ils ne sont pas recyclables.

Le Label Cradle to Cradle (C2C)

L'idée de privilégier encore plus la protection de la planète est à la base du label d'éco-conception « C2C » (Cradle to Cradle, du berceau au berceau), proposé dans les années 1980 et officialisé en 2002 par l'architecte américain William McDonough et le chimiste allemand Michael Braungart [27]. L'objectif que ce label privilégie est d'assurer un impact *positif* à la fois sur l'économie, le bien-être social et l'environnement.

Il se distingue ainsi subtilement de l'objectif d'un simple « développement durable », qui préconise un impact « seulement » nul.

La démarche C2C se recommande ouvertement de l'affirmation de Lavoisier, « rien ne se perd, rien de se crée, tout se transforme ». Les matériaux de tout produit ainsi labellisé ne doivent générer des déchets que s'ils servent de ressources à d'autres produits. Ils ne doivent donc pas « mourir », ce qui serait conforme à la démarche intitulée « C2G » (Cradle to Grave, du Berceau à la Tombe), abondamment appliquée de nos jours. Ils doivent également être fabriqués à partir d'une énergie gratuite et durable, comme celle générée par le soleil. Ils doivent de plus se fondre dans une communauté de fonctionnalités, comme un être vivant au sein des multiples espèces d'un écosystème.

Plus de 2 000 produits issus de plus de 150 industries ont, à ce jour, obtenu la certification C2C. On citera pour exemple une chaussure biodégradable Puma, indéfiniment recyclable.

« TIN », un nouveau label vertueux ?

Curieusement, peu de produits sont *à la fois* inspirés par un organisme vivant *et* conçus en respectant la démarche C2C.

À l'évidence, un effort considérable attend les chercheurs « bio-inspirés » du futur, nécessairement contraints par la diminution des ressources fossiles, par le changement climatique, par l'accroissement démographique et par le besoin de croissance économique. Un nouveau label vertueux, qualifié de « Totalement Inspiré par la Nature » (« TIN ») – accordé aux seuls produits inspirés par les organismes vivants *et* respectant la démarche C2C – s'imposera-t-il un jour ?

Déclarations des Droits des Plantes

Plus généralement, l'étude du monde végétal devrait nous inciter à nous interroger sur l'importance de sa préservation, tant il s'avère indispensable à notre survie.

Nous avions évoqué en introduction la Charte du droit à la dignité des plantes que la CENH suisse a adoptée en 2009. Un mouvement plus largement partagé recommande l'instauration de droits de la nature, imposant certains devoirs envers elle, droits que l'Équateur et la Bolivie ont déjà ajoutés à leurs constitutions. En France aussi il est envisagé de modifier l'article 1 de la Constitution en ces termes : « la République agit pour la préservation de l'environnement et de la diversité biologique et contre les changements climatiques ».

Puissions-nous, cependant, ne pas inciter nos lecteurs à tomber dans les excès qu'engendrent les recommandations précédentes, tels que ceux prônés par le curieux Mouvement des Militants des Droits des Légumes, une organisation multinationale [109, 235]. Ce mouvement aurait vu le jour en 1977 après qu'un jeune garçon ait refusé de manger une purée de carottes, une purée de bananes, des pommes en surnombre et des légumes en bocaux ! Depuis, ce mouvement s'évertue à empêcher les humains de torturer, tuer, voire humilier et finalement manger des légumes et des fruits. On notera au passage que rien n'est prévu pour interdire de telles exactions aux animaux...

Un autre organisme farouchement militant, le Front de Libération des Plantes américain, combat de même les documents papier, les plantes épluchées vivantes, la tonte des gazons et, surtout, la cruauté des bars à salades [179].

Qui n'aurait le cœur fendu, en effet, à l'évocation des souffrances d'un panais révélées par un militant convaincu ?

« Germé artificiellement, forcé de germer dans un sillon, nourri (si l'on peut dire) dans un lit de fumier, soulevé avec indifférence, le panais est pratiquement ignoré jusqu'à ce qu'il atteigne le poids du marché. Puis, il est irrévérencieusement déraciné, décapité mécaniquement, dépouillé sans pitié et, dans un dernier acte de dureté insensée, bouilli vivant » !

Notre prochain ouvrage sera sans nul doute dédié à la minéro-inspiration, à moins qu'un Front de Libération des Pierres ne s'y oppose farouchement…

10.1 Une minéro-inspiration : Lithops, la plante-caillou.

RÉFÉRENCES

1. Adamatzky, A. *et al.* Computers from plants we never made. Speculations. 2017. https://arxiv.org/pdf/1702.08889.pdf
2. Adamatzky, A. *et al.* Physarum Chip Project : Growing Computers From Slime Mould. International Journal of Unconventional Computing. 8 (4), 319-323. 2012.
3. Adamatzky, A. Physarum Machines : Computers from Slime Mould. World Scientific. 2010.
4. Adamatzky, A. Thirty eight things to do with live slime mould. 2016. https://arxiv.org/pdf/1512.08230.pdf
5. Adamatzky, A. Towards plant wires. Biosystems. 122, 1-6. 2014.
6. Aerogenerator X. https://grimshaw.global/projects/aerogenerator-x/
7. Al Bahar Towers Abu Dhabi. Agences Aedas et Diar Consult. 2012.
8. Algae Opera. 2012. Design : Michael Burton & Michiko Nitta. UK. Mezzo-soprano : Louise Ashcroft, Acteur : Sam Lewis, Compositeur : Gameshow Outpatient.
9. Arbre à vent. http://newworldwind.com/fr/accueil/
10. Artero, V. Vers une nouvelle voie de production d'hydrogène : bio-inspirée ! Les défis du CEA. 221. 2017.
11. ArtScience Museum, Singapour. Architecte : Moshe Safdie. 2011
12. Atamian, H.S. *et al.* Circadian regulation of sunflower heliotropism, floral orientation, and pollinator visits. Science. 353 (6299), 587-590. 2016.
13. Attenborough, D. The Private Life of Plants. Six épisodes à partir de 1995. BBC Natural History Unit and Turner Broadcasting.
14. Badarnah Kadri, L. Towards the Living envelope, Biomimetics for building envelope adaptation. 2012. http://citeseerx.ist.psu.edu/viewdoc/download?doi=10.1.1.859.1418&rep=rep1&type=pdf
15. von Baeyer, H.C. The Lotus Effect. The Sciences. 40 (1), 12-15. 2000.
16. Bai, F. *et al.* Biomimetic "Cactus Spine" with Hierarchical Groove Structure for Efficient Fog Collection. Advanced Science. 2. (1500047), 1-5. 2015.
17. Balasubramani K. and Marcus, K. A Study on Flower Pollination Algorithm and Its Applications. International Journal of Application or Innovation in Engineering & Management. 3 (11), 230-235. 2014.
18. Baluška, F. *et al.*, Swarm intelligence in plant roots. Trends in Ecology & Evolution. 25 (12), 682-683. 2010.
19. Banc "Spaguetti". Designer : Pablo Reinoso. 2009.
20. Barthlott, W., Mail, M. and Neinhuis, C. Superhydrophobic hierarchically structured surfaces in biology : evolution, structural principles and biomi-

metic applications. Philosophical transactions. Series A, Mathematical, physical, and engineering sciences. 374 (2073), 1-41. 2016.

21. Benyus, J. M. Biomimétisme. Éditions de l'Echiquier. 2011.
22. BioCouture. Designer : Suzanne Lee. http://www.biocouture.co.uk
23. Biomimicry Europa sur la plantation d'arbres sauveurs. http://www.biomimicry.eu/nos-actions/le-projet-arbres-sauveurs/
24. Biowave. http://bps.energy/biowave.
25. Blake, D. Biodiscovery — from reef to outback. Nature. 429 (6991), 15–17. 2004.
26. Böhm, J. *et al.* The Venus Flytrap Dionaea muscipula Counts Prey-Induced Action Potentials to Induce Sodium Uptake. Current Biology. 26 (3), 286-295. 2016.
27. Braungart, M. and Mc Donough, M. Cradle to Cradle : Créer et recycler à l'infini. Alternatives. 2011.
28. Briat, J.F. La vie fixée des plantes et ses contraintes. https://www.encyclopedie-environnement.org/vivant/vie-fixee-plantes-contraintes/.
29. Bruni, R. Erba volant. Neuf histoires formidables et scientifiques sur l'esprit pratique des plantes et leur sens de l'innovation. Payot. 2019.
30. Bueb, C. Ronchamp : Le Corbusier. Facteur Humain. 2015.
31. Burj Kalifa, Dubai. Développeur : Emaar Properties. 2003.
32. Burris, J. N., Lenaghan, S.C. and Stewart. C.N. Climbing plants : attachment adaptations and bioinspired innovations. Plant Cell Reports. 37 (4), 565-574. 2018.
33. Cailloce, L. Le bois, matériau de demain ? https://lejournal.cnrs.fr/articles/le-bois-materiau-de-demain
34. Callebaut, V. Archibiotic. Huazhong University of Science and Technology Press. 2008.
35. Callebaut, V. Paris 2050 — Les cités fertiles face aux enjeux du XXIe Siècle. Michel Lafon. 2015.
36. Campus Mycelium (ou Mushroom Community Campus). Architectes : Etudiants de la National University de Singapore et l'Université de Melbourne. 2013.
37. Canopée de pins parasols La Pineda en Espagne. Architecte : ARTEKS Arquitectura. 2009.
38. CEEBIOS (Centre Européen d'Excellence en Biomimétisme de Senlis). https://ceebios.com/
39. Cerecada, P., Schemenauer, R.S. and Suit, M. An alternative water supply for chilean coastal desert villages. International Journal of Water Resources Development. 8(1), 53–59. 1992.

40. Chamovitz, D. La plante et ses sens. Buchet-Chastel. 2018.

41. Chandler, D. Sun-tracking device wins student prize. http://news.mit.edu/2008/madmec-0919

42. Chapelle, G. et Decoust, M. Le Vivant comme modèle. Albin Michel. 2015.

43. Chayaamor-Heil, N., Guéna, F. et Hannachi-Belkadi, N. Biomimétisme en architecture. État, méthodes et outils. Cahiers de la Recherche Architecturale urbaine et paysagère. 1, 1-33. 2018.

44. Chevalier, A. Le Pissenlit à Caoutchouc en Russie. Journal d'agriculture traditionnelle et de botanique appliquée. 275, 3-10. 1945.

45. Chong, L. *et al.* Water splitting — biosynthetic system with CO2 reduction efficiencies exceeding photosynthesis. Science. 352 (6290), 1210-1213. 2016.

46. Climeworks. https://www.venturekick.ch/demandit/files/M_BB941CC4DCEF687AD98/dms//File/Climeworks_One%20Pager.pdf

47. Coccia, E. La vie des plantes. Bibliothèque Rivages. 2016.

48. Colombani, M. and Forterre, Y. Biomechanics of rapid movements in plants : Poroelastic measurements at the cell scale. Computer Methods in Biomechanics and Biomedical Engineering. 14, 115–117. 2011.

49. Cortese, L., Milanovic, S. and Vidoni, R. A FEM-Experimental Approach for the Development of a Conceptual Linear Actuator Based on Tendril's Free Coiling. Applied Bionics and Biomechanics. 2017. https://www.researchgate.net/publication/318692752_A_FEM-Experimental_Approach_for_the_Development_of_a_Conceptual_Linear_Actuator_Based_on_Tendril's_Free_Coiling

50. Courty, J.M. et Kierlik, E. Les perversions du cordon de téléphone. Pour la Science. 379. 2009.

51. Crystal Palace of London. Architecte : Joseph Paxton. 1851.

52. Crystal Palace of New-York. Architectes : Karl Gildemeister et Georg Carstensen. 1853.

53. Cui, Z. and Cai, X. Artificial plant Optimization Algorithm. In Yang, X.S. *et al.* (Eds). Swarm Intelligence and Bio-Inspired Computation : Theory and Applications. Elsevier. 2013.

54. Darwin, C. Insectivorous Plants. John Murray. 1875.

55. Darwin, C. On the movements and habits of climbing plants. Andesite Press. 2015.

56. Darwin, C. The Power of movements in Plants. CreateSpace Independent Publishing Platform. 2011.

57. Darwin, F. Ouverture du Congrès annuel de la British Association for the Advancement of Science. 1908.

58. Darwish, A. Bio-inspired computing : Algorithms review, deep analysis, and the scope of applications. Future Computing and Informatics Journal. 3 (2), 231-246. 2018.

59. Data Garden QUARTET. Design : Sam Cusumano, Joe Patitucci, Dino Lionetti, Alex Tyson, Jessica Hans. USA. 2012

60. Daugey, F. L'intelligence des plantes, Les découvertes qui révolutionnent notre compréhension du monde végétal. Ulmer. 2018.

61. De Nys, R. Furanones. In Fusetani, N. and Clare, A.S. (Eds). Antifouling Compounds. Springer-Verlag. 2006.

62. Dussutour, A. Tout ce que vous avez toujours voulu savoir sur le Blob sans jamais oser le demander. Des Equateurs. 2017.

63. Echarpe origami "Miura Ori". Designer : Diana Eng

64. Ecouterre. https://inhabitat.com/ecouterre/10-eco-fashion-garments-inspired-by-nature-and-biomimicry/

65. Ecovative Design. https://ecovativedesign.com

66. Embryo Treehouse. Architecte : Antony Gibbon Designs.

67. Ensikat, H.J. *et al.* Superhydrophobicity in perfection : the outstanding properties of the lotus leaf. Beilstein Journal of Nanotechnology. 2 : 152-161. 2011.

68. Esplanade, Durian, Singapour. Architectes : DP Architects, Michael Wilford & Partners.

69. e-Tree. http://solargiving.com/homepage/

70. Eyeglass. https://www.llnl.gov/

71. Fab Tree Hab. http://www.archinode.com/fab-tree-hab.html

72. Falik, O. *et al.* Rumor Has It... : Relay Communication of Stress Cues in Plants. PLoS One. 2011. https://journals.plos.org/plosone/article?id=10.1371/journal.pone.0023625

73. Fang, Z. *et al.* Real-time reaction control for solar production of chemicals under fluctuating irradiance. Green Chemistry. 20 (11), 2459-2464. 2018.

74. Fernandez, D.M. *et al.* Fog Water Collection Effectiveness : Mesh Intercomparisons. Aerosol and Air Quality Research. 18, 270-283. 2018.

75. Fiori divano. Designer : Albina Basharova. 2012.

76. Forterre, Y. Slow, fast and furious : understanding the physics of plant movements. Journal of Experimental Botany. 64 (15), 4745–4760. 2013.

77. Francé, R.H. Die Pflanze als Erfinder. Kosmos, Gesellschaft der Naturfreunde. 1920.

78. Francé, R.H. Les Sens de la Plante. Adyar. 2013. Première édition 1911.

79. Francé, R.H. Pflanzenpsychologie als Arbeitshypothese der Pflanzenphysiologie. Franckh'sche Verlagshandlung. 1909.

80. Freeman, E.C. Applications of Biologically Inspired Membranes. Master's Thesis, University of Pittsburgh. 2010. http://d-scholarship.pitt.edu/7262/1/6132009FreemanThesis.pdf

81. Fritz, B. *et al.* Towards mass fabrication of hot embossed plant surface texture replicas as photovoltaic cover layers. 2018. https://www.spiedigitallibrary.org/conference-proceedings-of-spie/10730/107300J/Towards-mass-fabrication-of-hot-embossed-plant-surface-texture-replicas/10.1117/12.2320555.full

82. Gaspar, N., Smith, C.W. and Evans, K. E. Auxetic behaviour and anisotropic heterogeneity. Acta Materialia. 57 (3), 875–880. 2009.

83. Gerbode, S. J. *et al.* How the Cucumber Tendril Coils and Overwinds. Science. 337 (6098), 1087-1091. 2012.

84. Ghyka, M. C. Le nombre d'or. Gallimard. 1959.

85. Gielis, J. A generic geometric transformation that unifies a wide range of natural and abstract shapes. American Journal of Botany. 90 (3) : 333–338. 2003.

86. Gilet mousse. Designer : Tara Baoth Mooney du London College of Fashion's Centre for Sustainable Fashion.

87. Greenbone. https://www.greenbone.it/

88. Grigson, G. The Arts To-day. Kkennikat Press. 1970.

89. Gruber, P. Biomimetics in Architecture. Ambra Verlag. 2010.

90. Guillot, A. et Meyer, J.A. La Bionique : quand la science imite la nature. Dunod. 2008.

91. Guillot, A. et Meyer, J.A. Poulpe fiction : quand l'animal inspire l'innovation. Dunod. 2014.

92. Guo, Q. *et al.* Fast nastic motion of plants and bioinspired structures. Journal of the Royal Society Interface. 12 (110) : 1-14. 2015.

93. Gyroptère. http://www.laboiteverte.fr/gyroptere/

94. Haeckel, E. Kunstformen der Natur. Verlag des Bibliographisches Institut. 1904.

95. Hallé, F. Eloge de la plante. Pour une nouvelle biologie. Éditions du Seuil. 1999.

96. Hallé, F. Plaidoyer pour l'arbre. Actes Sud. 2005.

97. Haneef, M. *et al.* Advanced Materials From Fungal Mycelium : Fabrication and Tuning of Physical Properties. Scientific Reports. 7 (41292), 1-11. 2017.

98. Hawkes, E. W. *et al.* A soft robot that navigates its environment through growth. Science Robotics. 2 (8), 1-7. 2017.
99. Heinrich, M.K. *et al.* Constructing living buildings : a review of relevant technologies for a novel application of biohybrid robotics. Journal of Royal Society Interface. 16, 1-29. 2019.
100. Heliotrope House. Architecte : Rolf Disch.
101. Holden, J., Caley, T.M. and Turner, M.G. Maple Seed Performance as a Wind Turbine. https://www.researchgate.net/profile/Mark_Turner13/publication/270761015_Maple_Seed_Performance_as_a_Wind_Turbine/links/54b42fef0cf2318f0f96c0ac/Maple-Seed-Performance-as-a-Wind-Turbine.pdf
102. Houard, G. La feuille-graine de l'érable-sycomore a suggéré le principe d'un nouvel avion. La Science et la Vie. 15. 1914.
103. Huang, H.L., Park, S.H. and Park, J.O. Shape Memory Alloy based Flower Robot. https://pdfs.semanticscholar.org/4b0a/f5cd30dc8a63535361a85e6491a0849e8e5e.pdf
104. Huang, Y. *et al.* Nanospherical arabinogalactan proteins are a key component of the high-strength adhesive secreted by English ivy. Proceedings of the National Academy of Sciences of the United States of America. 113 (23), 193-202. 2016.
105. Hünig, R. *et al.* Flower Power : Exploiting Plants' Epidermal Structures for Enhanced Light Harvesting in Thin-Film Solar Cells. Advanced Optical Materials. 4 (10), 1487-1493. 2016.
106. HygroSkin — Meteorosensitive Pavilion. https://www.researchgate.net/publication/273060832.
107. In Vivo, Paris. Architecte : XTU, MU architecture | Consortium SymBIO2.
108. Intuitive Surgical. https://news.byu.edu/news/tiny-origami-inspired-devices-opening-new-possibilities-minimally-invasive-surgery
109. Irigaray, L. and Marder, M. Through Vegetal Being : Two Philosophical Perspectives. Columbia University Press. 2016.
110. Jacquinot, E. Microalgues : les coulisses d'une révolution. Le Journal du CNRS. 2018. https://lejournal.cnrs.fr/diaporamas/microalgues-les-coulisses-dune-revolution
111. Kanjana, S., Ambika, B. and Nalankilli, G. Breathable Garments with Thermo — Physiological Wear Comfort — A Review. Current Trends in Fashion Technology & Textile Engineering. 3 (1), 1-6. 2018.
112. Kanojia, G. *et al.* Developments in the formulation and delivery of spray dried vaccines. Human Vaccines & Immunotherapeutics. 13 (10), 2364-2378. 2017.

113. Kar, A.K. Bio inspired computing — A review of algorithms and scope of applications. Expert Systems with Applications. 59, 20-32. 2016.

114. Katifori, E., Szöllösi, G.J. and Magnasco, M.O. Damage and Fluctuations Induce Loops in Optimal Transport Networks. Physical Review Letters. 104 (4), 1-4. 2010.

115. Kim, K. *et al.* Novel water filtration of saline water in the outermost layer of mangrove roots. Scientific Reports. 6 (20426), 1-9. 2016.

116. Kim, S.W. *et al.* Flytrap-inspired robot using structurally integrated actuation based on bistability and a developable surface. Bioinspiration & Biomimetics. 9 (3), 1-14. 2014.

117. Knippers, J. and Speck, T. Design and construction principles in nature and architecture. Bioinspiration & Biomimetics. 7 (1), 1-10. 2012.

118. Kolle, M. *et al.* Bio-Inspired Band-Gap Tunable Elastic Optical Multilayer Fibers. Advanced Materials. 25 (15), 2239–2245. 2013.

119. Kwak, S. Y. *et al.* A Nanobionic Light-Emitting Plant. Nano Letters. 17 (12), 7951-7961. 2017.

120. La chimie douce : naturellement créative. https://lejournal.cnrs.fr/articles/la-chimie-douce-naturellement-creative

121. La Plantalámpara : Université d'Ingénierie et de Technologie (UTEC) de Lima. 2015.

122. Lackner, K.S. The use of artificial trees. Issues in Environmental Science and Technology. Geoengineering of the Climate System. 38, 80-104. 2014.

123. Lenau, T. A. and Hesselberg, T. Self-organisation and motion in plants. 2014. https://www.researchgate.net/profile/Torben_Lenau/publication/260981845_Self-organisation_and_motion_in_plants/links/56139a9808aedee13b5ced32/Self-organisation-and-motion-in-plants.pdf

124. L'énergie solaire dans le monde. https://lejournal.cnrs.fr/infographies/lenergie-solaire-dans-le-monde-les-chiffres

125. Leslie, D.C. *et al.* A Bioinspired Omniphobic Surface Coating on Medical Devices Prevents Thrombosis and Biofouling. Nature Biotechnology. 32 (11), 1134-1140. 2014.

126. Li, Q.Q. *et al.* The artificial tree (AT) algorithm. Engineering Applications of Artificial Intelligence. 65, 99-110. 2017.

127. Lienhard, J. *et al.* Flectofin : A hingeless flapping mechanism inspired by nature. Bioinspiration & Biomimetics. 6 (4), 1-7. 2011.

128. von Linné, C. Somnus plantarum. Upsaliae. 1755.

129. Liu, Y. *et al.* Artificial root foraging optimizer algorithm with hybrid strategies. Saudi Journal of Biological Sciences. 24 (2), 268-275. 2017.

130. Liu, Y. *et al.* Sequential self-folding of polymer sheets. Science Advances. 3 (3), 1-7. 2017.

131. Livage, J. Chimie douce : from shake-and-bake processing to wet chemistry. New Journal of Chemistry. 25, 1-1. 2001.

132. Living Envelope. Off the Grid Sustainable Habitat 2020. Architecte : Philips Design Probes. Projet pour 2020.

133. Living Light. Designer : Ermi van Oers. 2017.

134. Ljubic, K. and Fister, I. How to Store Wikipedia into a Forest Tree : Initial Idea. Proceedings MSIVISM Conference 2014 at Maribor, Slovenia. 2014.

135. Lotus Building, Wujin. Architecte : Studio505. 2013.

136. Lotus Temple, New Dehli. Architecte : Fariborz Sahba. 1986.

137. Ludwig, F. and Schönle, D. Growth as a concept. In Gruntuch-Ernst, A. (Ed). Hortitecture — The power of architecture and plants. Jovis Verlag. 2018.

138. Ludwig, F. Baubotanik : Living Plant Constructions. In Joachim, M. and Silver, M. (Eds). New Directions in Ecological Design. Actar Publishers. 2017.

139. Maeterlinck, M. L'Intelligence des Fleurs. Eugène Fasquelle. 1907.

140. Maisons de la Terre à Dietikon. Architecte : Peter Vetsch. 2007.

141. Mancuso S. et Viola A. L'intelligence des Plantes. Albin Michel. 2018.

142. Mancuso, S. La Révolution des Plantes : Comment les plantes ont déjà inventé notre avenir. Albin Michel. 2019.

143. Mandelbrot, B. Les objets fractals : forme, hasard et dimension. Flammarion. 1973.

144. Mangal City. Architecte : Chimera, London. 2012.

145. Manteau à planter (Cradle to cradle clothing). Designer : Zoe Alexander Fischer au Sarah Lawrence College.

146. Martinez, J.G. Artificial Leaf Turns Carbon Dioxide Into Liquid Fuel. Scientific American. June 26, 2017

147. Martone, P. T. *et al.* Mechanics without muscle : biomechanical inspiration from the plant world. Integrative and Comparative Biology. 50 (5), 888–907. 2010.

148. Masselter, T. and Speck, T. Biomimetic Fiber-Reinforced Compound Materials. 2011. https://www.researchgate.net/profile/Tom_Masselter/publication/221912460_Biomimetic_Fiber-Reinforced_Compound_Materials/links/5448d4ce0cf2d62c3052cb37/Biomimetic-Fiber-Reinforced-Compound-Materials.pdf

149. Masselter, T. *et al.* The flower of Strelitzia reginae as concept generator for the development of a technical deformation system for architectural purposes.

2012. https://www.researchgate.net/publication/259231699_The_flower_of_Strelitzia_reginae_as_concept_generator_for_the_development_of_a_technical_deformation_system_for_architectural_purposes

150. Mazzolai, B. and Mancuso, S. Smart solutions from the plant kingdom. 2013. https://iopscience.iop.org/article/10.1088/1748-3182/8/2/020301/pdf
151. Mazzolai, B., Beccai, L. and Mattoli, V. Plants as model in biomimetics and biorobotics : new perspectives. Frontiers Bioengineering Biotechnology. 2 (2), 1-5. 2014.
152. McCormick, A.J. *et al.* Photosynthetic biofilms in pure culture harness solar energy in a mediatorless bio-photovoltaic cell (BPV) system. Energy and Environmental Science. 4 (11), 4699-4709. 2011.
153. Metropol Parasol de Séville. Architecte : Jürgen Hermann Mayer. 2005-2011.
154. Meyer, J.-A. Dei ex Machinis, volume II. Éditions du Net. 2015.
155. Midant, J.P. Dictionnaire de l'architecture du XXe siècle. Fernand Hazan. 1998.
156. Mine Kafon. http://minekafon.blogspot.com/
157. Minister of Municipal Affairs & Agriculture (MMAA), Qatar. Architecte : Aesthetics Architects GO Group de Bangkok. 2009.
158. Minsolmaz, Y. G. and Yeler, S. Models from nature for Innovative Building Skins. Journal of Engineering and Science. 3, 142-165. 2017.
159. Miraftab, M. *et al.* Inherently Antimicrobial Alchite Fibres Developed for Wound Care Applications. Medical and Healthcare Textiles. 7, 76-83. 2010.
160. Miyashita, S. *et al.* An Untethered Miniature Origami Robot that Self-folds, Walks, Swims, and Degrades. 2015. https://www.researchgate.net/profile/Daniela_Rus/publication/277774317_An_Untethered_Miniature_Origami_Robot_that_Selffolds_Walks_Swims_and_Degrades/links/56d0439608ae4d8d64a345ce/An-Untethered-Miniature-Origami-Robot-that-Self-folds-Walks-Swims-and-Degrades.pdf
161. Moore, J. P. *et al.* An overview of the biology of the desiccation-tolerant resurrection plant Myrothamnus flabellifolia. Annals of Botany. 99 (2), 211–217. 2007.
162. Must, I., Sinibaldi, E. and Mazzolai, B. A variable-stiffness tendril-like soft robot based on reversible osmotic actuation. Nature Communications. 10 (344), 1-8. 2019.
163. Mycelium Chair. Designers : Eric Klarenbeek, Maartje Dros et l'université de Wageningen. 2013.
164. Nachtigall, W. and Pohl, G. Bau-Bionik : Natur — Analogien — Technik. Springer Vieweg. 2013.
165. Nachtigall, W. Bionik : Lernen von der Natur. Beck C.H. 2008.

166. Nakagaki, T., Yamada, H. and Tóth, A. Intelligence : Maze-solving by an amoeboid organism. Nature. 407 (6803), 470-470. 2000.

167. Nakagaki, T., Yamada, H. and Tóth, A. Path finding by tube morphogenesis in an amoeboid organism. Biophysical Chemistry. 92 (1-2), 47-52. 2001.

168. Nakamura, K. et al. Plant-inspired pipettes. Journal of The Royal Society Interface. 15, 1-7. 2018.

169. Nelson, T.G. et al. Curved-folding-inspired deployable compliant rolling-contact element (D-CORE). Mechanism and Machine Theory. 96 (2), 225-238. 2016.

170. Nichele, S. *et al.* Towards a plant bio-machine. 2017. https://pure.itu.dk/portal/files/82348910/nichele_PlantBioMachine.pdf

171. Nishiyama, Y. Miura Folding : Applying Origami to Space Exploration. International Journal of Pure and Applied Mathematics. 79 (2), 269-279. 2012.

172. Orbyt design, Nouvelle Zélande. https://www.shapeways.com/shops/orbytnz

173. Origami Table et Woodskin. Designers : MIT's Self-Assembly Lab and WoodSkin S.r.l. 2013.

174. Palazetto dello Sport, Roma. Architecte : Pier Luigi Nervi. 1957.

175. Pandolfi, C. and Izzo, D. Biomimetics on seed dispersal : survey and insights for space exploration. Bioinspiration & Biomimetics. 8 (2), 1-9. 2013.

176. Park, K.C. *et al.* Condensation on slippery asymmetric bumps. Nature. 531, 78–82. 2016.

177. Pavilion Perspective. Architecte : Giles Miller Studio. 2017.

178. Pelt, J.M. et Cuny, J.P. L'Aventure des Plantes. INA. 26 épisodes entre 1982 et 1986.

179. Plant Liberation Front (PLF). http://alexbarzaga.tripod.com/index.htm

180. PlantDisplay. https://www.researchgate.net/publication/220982551_PlantDisplay_turning_houseplants_into_ambient_display

181. Potter, M.F. The history of bed bug management — with lessons from the past. American Entomologist. 57, 14–25. 2011.

182. Pounds, P. and Singh, S. Samara : Biologically inspired self-deploying sensor networks. IEEE Potential. 34 (2),10-14. 2015.

183. Pouydebat, E. Quand les animaux et les végétaux nous inspirent. Odile Jacob. 2019.

184. Prusinkiewicz, P. and Lindenmayer, A. The Algoritmic Beauty of Plants. Springer Verlag, 1996.

185. Razac, O., Histoire politique du barbelé, Champs essais (n° 866) — Sciences humaines. 2009.

186. Reef, R. and Lovelock, C.E. Regulation of water balance in mangroves. Annals of Botany. 115 (3), 385–395. 2015.

187. Rian, I. M. and Sassone, M. Tree-inspired dendriforms and fractal-like branching structures in architecture : A brief historical overview. Frontiers of Architectural Research. 3 (3), 298–323. 2014.

188. Robe pollinisatrice « Pollinator Frocks ». Designer : Karen Ingham, du Welsh Centre for Printing and Coating.

189. Roe, J. Antoni Gaudí. Parkstone International. 2015.

190. Ross, P. Method for Producing Fungus Structures. 2018. https://patents.google.com/patent/US20120135504A1/en

191. Ross, P. Mycotecture. 2009. https://www.mycoworks.com/#features

192. Saar, K.L. *et al.* Enhancing power density of biophotovoltaics by decoupling storage and power delivery. Nature Energy. 3, 75–81. 2018.

193. Sadeghi, A. *et al.* A plant-inspired robot with soft differential bending capabilities. Bioinspiration & Biomimetics. 12, 1-14. 2017.

194. Samarai Flyer. https://newatlas.com/lockheed-martin-samarai-flyer-monocopter/19572/:

195. Sareen, H. Cyborg Botany : Augmented Plants as Sensors, Displays and Actuators. 2017. https://dspace.mit.edu/bitstream/handle/1721.1/114063/1026501855-MIT.pdf?sequence=1&isAllowed=y

196. Schmidt, O. Indoor wood-decay basidiomycetes : Damage, causal fungi, physiology, identification and characterization, prevention and control. Mycological Progress. 6 (4), 261-279. 2007.

197. Schuiten, L. Archiborescence. Mardaga. 2010.

198. Schuiten, L. Vers une cité végétale. Projets urbains et ruraux de demain. Mardaga. 2010.

199. Schüler, P. *et al.*, Biomimetic Engineering : Learning from Nature. Fruit Walls and Nutshells as Inspiration for the Development of Novel Materials. Laboratory Journal. 3/4, 16-20. 2013.

200. Seidel, C. *et al.* Structural Analysis of Biologically Inspired Small Wind Turbine Blades. International Journal of Mechanical and Materials Engineering. 12 (19), 1-9. 2017.

201. Shahinpoor, M. Biomimetic robotic Venus flytrap (Dionaea muscipula Ellis) made with ionic polymer metal composites. Bioinspiration & Biomimetics. 6 (4), 046004. 2011.

202. Shin, B. *et al.* Hygrobot : A self-locomotive ratcheted actuator powered by environmental humidity. Science Robotics. 3 (14), 1-8. 2018.

203. Short ++. Designer : Adi Marom, Second Story New York City. 2010.

204. Sialve, B. et Steyer, J.P. Les microalgues, promesses et défis. Innovations Agronomiques, INRA. 26, 25-39. 2013.

205. Silva, P.F. *et al.* Bio-inspired design of directional, leaf-shaped printed monopole antennas for 4G 700 MHz band. Microwave and Optical Technology Letters. 58 (7), 1529-1533. 2016.

206. Sinibaldi, E. *et al.* Another Lesson from Plants : The Forward Osmosis-Based Actuator. 2014. https://journals.plos.org/plosone/article?id=10.1371/journal.pone.0102461

207. Sivaram, V. Taming the Sun : Innovations to Harness Solar Energy and Power the Planet. The MIT Press. 2018.

208. Skyscraper : Design Crew For Architecture — Paris. https://inhabitat.com/registration-is-open-for-the-2011-evolo-skyscraper-competition/

209. Smartflower. https://news.energysage.com/smartflower-solar-complete-review/

210. Soft Chair. Designer : Lilian van Daal. 2014. https://www.lilianvandaal.com/

211. Solar Ivy. http://www.greenstreetinc.com/biomimicry-solar-ivy/

212. Song, K., Yeom, E. and Lee, S. J. Real-time imaging of pulvinus bending in Mimosa pudica. Scientific Reports. 4 (6466), 1-8. 2014.

213. Songel, J. M. A Conversation With Frei Otto. Princeton Architectural Press. 2010.

214. Speck, O. and Speck, T. An Overview of Bioinspired and Biomimetic Self-Repairing Materials. Biomimetics. 4 (26), 1-37. 2019.

215. Stade Olympique de Munich. Architectes : Otto Frei, Günter Behnisch, Hermann Peltz, Carlo Weber. Ouverture en 1972.

216. Stavrinidou, E. *et al.* Electronic plants. Science Advances. 1 (10), 1-8. 2015.

217. Steidinger, B.S. *et al.* Climatic controls of decomposition drive the global biogeography of forest-tree symbioses. Nature. 569 (7756), 404-408. 2019.

218. Stolze, A. *et al.* Development of rubber-enriched dandelion varieties by metabolic engineering of the inulin pathway. Plant Biotechnology Journal. 15 (6), 740-753. 2016.

219. Strauss, S.D. The Big Idea : How Business Innovators Get Great Ideas to Market. Kaplan Publishing. 2001.

220. Sun, Y. Physarum-inspired Network Optimization : A Review. 2019. https://arxiv.org/pdf/1712.02910.pdf

221. Sunflower. https://www.sonnensystems.com/

222. Sycamore Ceiling Fan. http://www.sycamorefan.com/

223. Szyndler, M.W. *et al.* Entrapment of bed bugs by leaf trichomes inspires microfabrication of biomimetic surfaces. Journal of Royal Society Interface. 10, 1-9. 2013.

224. Table et chaises origami. Designer : Nils Frederking. 2007.

225. Tavsan, F. and Sonmez, E. Biomimicry in Furniture Design. Procedia — Social and Behavioral Sciences. 197, 2285-2292. 2015.

226. Tero, A., Kobayashi, R. and Nakagaki, T. A mathematical model for adaptive transport network in path finding by true slime mold. Journal of Theoretical Biology. 244 (4), 553-564. 2007.

227. Thielen, M. *et al.* Structure-function relationship of the foam-like pomelo peel (Citrus maxima) — An inspiration for the development of biomimetic damping materials with high energy dissipation. 2013. https://iopscience.iop.org/article/10.1088/1748-3182/8/2/025001

228. Tower of Tomorrow (ou Treescraper Tower). Architecte : William McDonough. Projet pour 2020-2023.

229. Tree Table. Designer : Scott Cawood.

230. Trewavas, A. Plant Behaviour and Intelligence. Oxford University Press. 2015.

231. Tricinci, O. *et al.* 3D Micropatterned Surface Inspired by Salvinia molesta via Direct Laser Lithography. ACS applied materials & interfaces. 7(46), 25560-25567. 2015.

232. Tunuguntla, R.H. et al. Enhanced water permeability and tunable ion selectivity in subnanometer carbon nanotube porins. Science. 357 (6353), 792-796. 2017.

233. Ullah, A. *et al.* Modified Strawberry Algorithms for Global Optimization Problems. 2016. https://www.researchgate.net/profile/Muhammad_Asim101/publication/317598266_Modified_Strawberry_Algorithms_for_Global_Optimization_Problems/links/5c08a43d299bf139c741ccae/Modified-Strawberry-Algorithms-for-Global-Optimization-Problems.pdf

234. United we stand. Designer : Robert Southcott. 2007.

235. Vegetable Rights Militant Movement (VRMM). http://www.vegetable-cruelty.com.

236. Velcro. https://www.velcro.com/press-and-news/company-information/

237. Virgin Earth Challenge. https://www.virginearth.com/

238. Wang, H. *et al.* Mechanically robust and highly permeable AquaporinZ biomimetic membranes. Journal of Membrane Science. 434, 130-136. 2013.

239. Wani, O.M., Zeng, A. and Priimagi, A. A light-driven artificial flytrap. Nature Communications. 8 (15546), 1-7. 2017.

240. Weerasinghe, D., Perera, S. and Dissanayake, K. Application of biomimicry for sustainable functionalization of textiles : review of current status and prospectus. Textile Research Journal. 89 (19-20), 4282-4294. 2019.

241. Werb, M. *et al.* Surface topology affects wetting behavior of Bacillus subtilis biofilms. Biofilms and Microbiomes. 3 (11), 1-10. 2017.

242. Whiting, J.G. *et al.* A. Towards a Physarum learning chip. Scientific Reports. 6 (19948), 1-14. 2016.

243. Willemsen, A. La dignité de la créature dans le règne végétal. 2008. https://www.ekah.admin.ch/inhalte/_migrated/content_uploads/f-Broschure-Wurde-Pflanze-2008.pdf

244. Wohlleben, P. La vie secrète des arbres. Les Arènes. 2017.

245. Wong, M. H. *et al.* Nitroaromatic detection and infrared communication from wild-type plants using plant nanobionics. Nature Materials. 16, 264-272. 2017.

246. Wong, T.S. *et al.* Bioinspired self-repairing slippery surfaces with pressure-stable omniphobicity. Nature. 477 (7365), 443–447. 2011.

247. Woodoo. https://www.woodoo.com/fr/

248. Yang, F., Zhang, B. and Ma, Q. Study of sticky rice-lime mortar technology for the restoration of historical masonry construction. Accounts of Chemical Research. 43 (6), 936–94. 2010.

249. Yong, J. *et al.* Bioinspired transparent underwater superoleophobic and anti-oil surfaces. Journal of Materials Chemistry A. 18, 1-18. 2015.

250. Zahadat, P., Hofstadler, D.N. and Schmickl, T. Morphogenesis as a Collective Decision of Agents Competing for Limited Resource : a Plants Approach. 2018. http://www.florarobotica.eu/wp-content/uploads/2018/11/Morphogenesis-Collective-Decision_ANTS_2018.pdf

251. Zhang, M. *et al.* Nanoparticles Secreted from Ivy Rootlets for Surface Climbing. Nano Letters. 8 (5), 1277-1280. 2008.

252. Zirbel, S.A. *et al.* Accommodating Thickness in Origami-Based Deployable Arrays. Journal of Mechanical Design. 135 (11), 1-12. 2013.

Légendes et crédits des pages d'ouverture de chapitre

Générique

© Paper Boat Creative / DigitalVision / Getty Images.

Chapitre 1

Diatomées dans l'eau. Photographie Norbert Lange/Shutterstock.

Chapitre 2

La torsion de la vrille du concombre s'effectue de façon inverse près du support et près de la plante. D'où une zone plate, dite de « perversion », qui se forme entre les deux enroulements. Ce système de « double ressort » procure une résistance peu commune à la vrille. © Creative Commons Attribution 3.0.

Chapitre 3

Salvinia molesta est une algue qui flotte mais ne sombre jamais. © Creative Commons Attribution 3.0.

Chapitre 4

Un eTree, l'avatar de l'acacia du désert, est « planté » dans la ville de Nevers. Il fait de l'ombre le jour, éclaire la nuit et possède des bornes de recharge pour téléphone, une station Wifi et même une fontaine d'eau fraîche. © Ville de Nevers.

Chapitre 5

Inspiré d'un virevoltant, le dispositif Mine Kafon est conçu pour détruire les mines antipersonnel. © minekafon.org.

Chapitre 6

La feuille-usine à médicaments possède des mini-canaux dans lesquels les liquides à traiter sont soumis à des réactions chimiques. Sa production de médicaments est stable, indépendante de la variation de lumière, de nébulosité, et de l'heure de la journée. © Bart van Overbeeke, Eindhoven University of Technology.

Chapitre 7

Lotus Building à Wujin. © John Gollings, Studio 505.

Chapitre 8

Le masque de la mezzo-soprano de *The Algae Opera* récupère le dioxyde de carbone émit par la cantatrice pour nourrir des algues situées dans le réservoir. Lorsque la production d'algues est suffisante, un chef cuisinier prépare des sushis pendant la représentation et les distribue aux spectateurs. © Burton Nitta.

Chapitre 9

Lorsqu'on infiltre des polymères conducteurs dans le système vasculaire d'une rose, le système Flower Power présente certaines des caractéristiques d'un transistor. © Linköping University

Bouquet final

Horologium Florae, une horloge florale proposée par Carl von Linné et composée de plantes qui fleurissent à une heure précise de la journée et de la nuit.

Impression & brochage SEPEC - France
Numéro d'impression : 16837201261 - Dépôt légal : février 2020

IMPRIM'VERT®

PEFC 10-31-1470 / Certifié PEFC / Ce produit est issu de forêts gérées durablement et de sources contrôlées. / pefc-france.org